統計学という ものの考え方

その初歩から応用まで

溝上武實 著

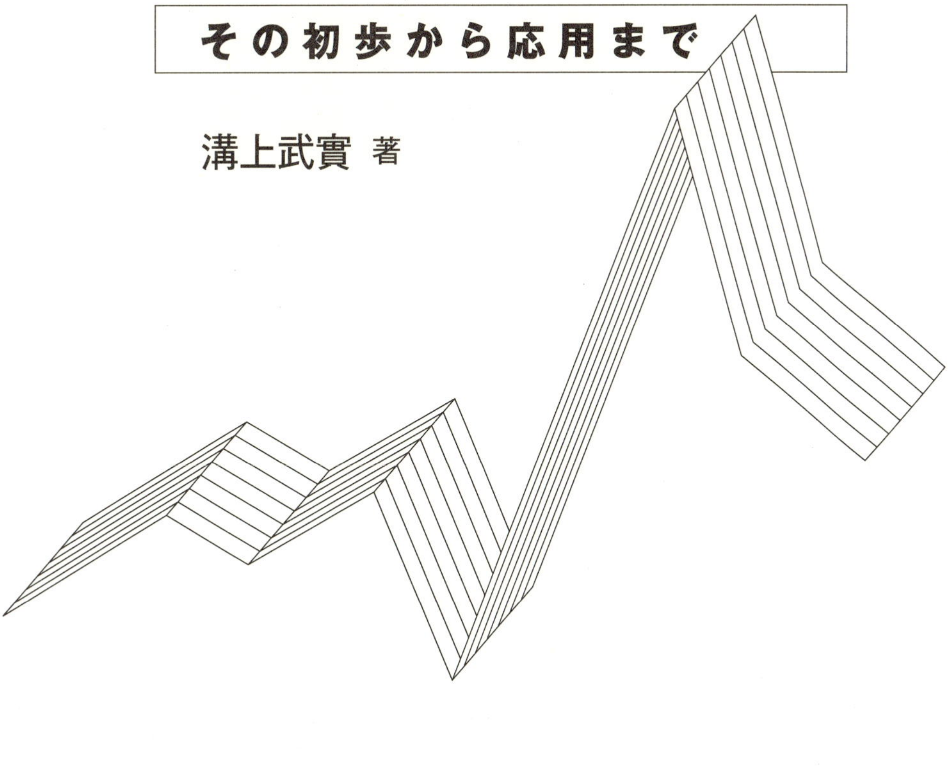

大学教育出版

まえがき

本屋に行って統計学に関する本のタイトルを眺めてみよう．

「すぐ使える統計学」「数式を使わない統計学」「何にも準備の要らない統計学」式の，いかにも手にとれば直ちに理解できるかのようなキャッチコピーが氾濫している．このようなタイトルでなくとも，最近見かける統計学の本といえば，ほとんどが大なり小なりこの傾向をもったものであるといえる．あたかも，手っとり早さが強調される昨今の風潮を表しているようである．

これは何も統計学に限ったことではないが，初心者がこのようなタイトルにつられて読んだとしても，その本のタイトル通りにはなかなかうまくいかないであろう．のみならず，持続した興味ももてないであろう．

数学の真の理解には時間と準備が思いのほか必要である．この点が，パソコンのマニュアル本や各種申請書の書き方集と異なる．

単なる数学の応用は応用数学の範疇にはない．その理論なり本論なりを十分理解した後，数学の応用にたどり着けるはずである．こうでなければ，真の応用数学に値しないものにならざるをえない．

特に統計学の場合は，検定や推定によって意思決定をするわけであるから，その手続きなり結論の出し方なりの背景にあるバックグラウンドを十分理解した上でないと，危険な面もある．

統計学は，いく分かの哲学的思考を必要とする．特に検定や推定に関しては，そのことがいえる．また，統計学の理解には確率論の基礎がなければならない．のみならず，微分積分の初歩が必要とされる．

このような積み重ねの上に理解されてこそ，統計学は真の理解に達するであろう．これなくして，統計学を種々の場合に応用し使うことは困難であり，危険ですらある．

確かに，マニュアル通りにやれば，使えるということにはなるかもしれない．が，その理解に対する当人の自信の程は，希薄なものであるはずである．応用の幅も狭いものである．

実際，上のキャッチコピーの本で勉強したと思われる人の論文等で，次のような検定に関する記述をよく見かける，もしくは，論文発表でそのように述べている場面に出会うことが多い.

「以上によりA，B両グループの数学の能力は危険率5％で有意差が認められる.」

しかし，本人のこれに対する理解は十分であるとは思えない.

まず両グループの能力差とは一体何であるのか．標本でのことなのか，それとも母集団に対してのことなのか.

危険率とは何であるのか，またそれがなぜ必要とされるのか.

検定の前提となるべき母集団の分散は知られているのかどうか，知られていない場合，それらが等しいことは知られているのか.

有意差とは一体何であり，どう実在しているのか.

もともと，なぜそのような手続きでそのような結論に到達したのか.

これらの質問に答えなければ，十分にわかったとはいえない．かつまた，それを変形して応用することは難しいであろう．しかし，これらに対しては，上の本は答えてくれないであろう.

それに反して，確かに上のような本が立派に活用されることはあるであろう．これは否定しない．しかし，それは，これらのことを基礎から十分理解した経験のある人の場合である．これらの人は，もう検定論，推定論の中で出てきた定理の証明は必要としない．直ちに，それらを適用しても何ら問題はないはずである．異なるケースへの応用も十分であろう．このような人にとっては，まさしく鬼に金棒となるかもしれない.

われわれは統計学の真髄，つまり核になるところを理解する必要がある．かつそれで十分である．この1つを理解することは，すべてを理解することに通じるからである.

そもそも推測統計学というところのものは，われわれは赤ん坊，子供の頃から十分に駆使しているのである．生まれたばかりの赤ちゃんが外の世界に関する知識を獲得し，これを順次改良して新しい知識にしていくこと，そのことが検定そのものである．あるいは，日頃の付き合いで「あの人はこんな人であろう」という知識も，その結果である．風の動き，空気の湿り具合により，明日の天気を予想したり，この道を通るかあの道を通るかの意思決定等々，生活すべてが推測統計学であるといって過言でなない.

したがって，統計学の真髄を理解することそのものは，日常的なもので簡単である.

ただ，われわれは数学的モデルでこれを行うから，そのためには数学的予備知識を若干必要とする．数学的モデルを構成する以上これを数学的に処理するためには，多少の計算能力，特に積分が要求される（しかしながら，これらも統計学の本質を理解するためには，絶対的に必要というわけではない）.

私の経験からいって，ほとんどすべてのテキストは，われわれが説明して欲しいことを説明してはいない．極言すれば，それを避けているようにすら思われるものもある．手続きは詳しく述べるが，その理由は述べないというスタイルである.

私は本書で, 読者から見てここで与えて欲しいと思われることを，十分説明するつもりである．これが他の統計学の本と根本的に異なるスタイルであるといえる．そのことにより，推測統計学というものの考え方が理解されれば，すべては解決するはずである.

２００７年１２月

溝上 武實

目 次

1　統計学の真髄

推測統計学を含めて一般に数学における活動とは一体いかなるものであろうか．

ここに，数学における活動とは，数学を作り出す場合を想定してよいが，広い意味では数学を学ぶことについても同様である．

それは，われわれ人間の“有限性の克服”という1点に集約される．つまり，数学を作り出す場合も，それらを学ぶ場合も，自らの有限性を乗り越えて彼岸の彼方において，無限なるものへの開放を目指しているところに，その本質があると思える．

このことをまず幾何学の歴史において見てみよう．

まず第1の無限との相克をみるために，歴史上最初の数学書である，ユークリッドの「幾何学原論」を思い浮かべてみよう．その特徴の1つに，それまでの数学書にないスタイルの1つとして公理，公準を設定したことがあげられる．現在の数学では公理を設定することはあまりにも明らかなことであるが，当時にとってこれはかなりインパクトのあるスタイルであったに相違ない．現代人はこの数学のスタイルになれすぎて，ユークリッドの公準，公理で述べる，あるいは述べざるをえないその本質が掴みにくくなっているのである．

ユークリッドは幾何学原論第1巻において，定義に続き，次の4つの公準を設定している．

公準1：任意に当てられた2点は線分で結べる．

公準2：任意の線分は与えられた方向の半直線に伸ばすことができる．

公準3：与えられた点を中心として与えられた半径の円が描ける．

公準4：直角はどこででも同じである．

公準5：2本の直線に第3の直線が交わってできる同側内角の和が2直角より小さければ，その2直線はその小さい側で交わる．

ここでいう公準とは“証明抜きに認められるべきこと”という意味である．

紙の上にとった任意の2点は定規で線分として結ぶことができ，これを好きな方向に伸ばすことは日常経験することである．すなわち，紙の上の任意に与えられた2点を直線で結ぶことができる，このことは，ことさらいわなくても自明である．また，与えられた点を中心として与えられた半径の円が描けることは，コンパスの使用を考えれば，これまた明らかである．

このように，述べた内容は目の前の紙の上において検証可能であるし，帰納的経験からは自明である．したがってことさら公準として述べなくてもよさそうと思えるかもしれない．

だが，公準を設定した幾何学，数学と設定しない場合の数学は根本的に異なる．

もし，ユークリッドが上のような公準を設定しなければ，形而上学的数学にはなりえなかったであろう．これまでの，紙の上に限定した幾何学，あるいは，身の周りの土地の測量に限定した狭い意味の幾何学に終始したことであろう．それは，結局は幾何学というより，土地測量の技術，もしくはプラグマティクな知識の羅列に終わったことであろう．つまり，数学にはなりえなかったであろう．

ユークリッドの目指した数学は現実世界に拘泥したものではない．このことは公理，公準を設定したことから見えてくる．

たとえば，公準１，２，３の検証可能性を考えてみる．

任意の2点 A, B を紙の上にとる代わりに地面，すなわち，地球上にとった場合はどうであろうか．それが狭い範囲にある場合は，明らかに測量技術として線で結ぶことは可能であろう．しかし，このことはどんな2点に対しても可能かどうか．この点 A と，はるか森の向こうの点 B に対して，それを結ぶ線分が引けるであろうか．それを可能にするには，かなりの労力と時間，経費を必要とするであろう．これはコンパスで円を描く場合も同様である．しかも，どんな2点に対しても可能ということ自体，有限な立場では検証可能ではない．また，公準2においては線分を半直線に伸ばすことだできるというが，これを検証したいかなる人もこの世にはいない．

つまり現実世界にかかわっている限りにおいて，このことはわれわれには検証可能ではない．

われわれにそれが自明に映るのは，その可能な場合の連想のみを意識の中でこさえているからにほかならない．

ここでさらに，当時の人にとって平面とは，現在われわれが頭の中でとらえているような抽象物として，共通認識をもっているのではないことに，留意すべきである．

それをユークリッドはすべて可能であるという立場でやりなさいというのである．そしてこれを幾何学，数学の出発点としているのである．

人間は有限なる存在であるために，物理的精神的にもろもろの制約に満ちている．このような立場でこの現実世界で数学をなすことは，その絶対性，純粋性を追求する形としては十分ではない．

もし仮想的にわれわれが神のような絶対的存在であれば，上のすべての公準は検証可能であるといえよう．どんな2点も，瞬時に線分で結び，線分を好きなだけ直線に伸ばす，あるいは好きな点を中心として好きな半径で自由自在に円周を描くことができよう．

つまり，われわれはそのような絶対性，全知全能性をもたないがゆえに，自らをそれになぞらえて，あるいは近づこうとして行う行為，これがユークリッドが求めている幾何学であり，数学である．そのような宣言をこの公準において行っているものとみなすことができる．

このようにユークリッドの目指す幾何学はその最初の宣言において，これまでの測量の技術，生活の中での有用性のみに価値をもつ形而下の学問ではないことを主張しているとみることができる．

したがって，ユークリッド幾何学の中で3角形の内角和が2直角であるというとき，それは，いつどこでも絶対的にそうでなければならない真理，すなわち，普遍的絶対的真理を述べているのであって，近似的にそうなる，あるいは，身近な3角形のいくつかでそうなることをいっているのではない．

りんごが木から落ちるのは，確かに現実世界では正しいが，他の世界のどこででも通用する絶対的普遍的真理ではない．これに対してユークリッドの追及する幾何学的結果はそうでなければならない．

つまり，自らは有限で様々な制約があるから，この有限性を越えたところで数学が構成されることを目指しているのである．

結局，自らの有限性を克服し彼岸の彼方においてまさしく神と同一の立場でやっていこうというところに数学活動の本来性があるといえる．そしてそのまさに分かれ目にあるのが，上の公準，公理であるということができる．

第2の無限との相克は写像，関数においてである．

写像，関数が数学の中の最重要な概念であることは論をまたない．複素関数論，多変数関数論，フーリエ変換など直接に研究対象になるからというだけではない．この写像の概念を使わなければ，数学は成り立たないからである．

数学の分野ばかりではない．人文社会の分野でも，たとえば，パーソナリティーPは生来的素因Iと後天的要因Eの関数$P=f(I,E)$であるとか，要因A, Bは関数関係にあるとか，頻繁に使われことから見ても，その概念の重要さがわかるものである．

この関数は，無限との相克の結果，無限を自由に操るために考え出したものであるということができる．

そもそも人間が有限であるがゆえに，無限を扱えない．そこを克服する手段としての写像である．

われわれが数列$\{a_1,\ a_2,\ \cdots,\ a_n,\ \cdots\}$というとき，既に写像$a:\mathbb{N}\to\mathbb{R}$への写像を考えている．ここで$\mathbb{R}$は実数全体の集合であり，$\mathbb{N}$は自然数全体の集合である．

数列

$$a_1,\ a_2,\ \cdots,\ a_n,\ \cdots$$

というとき，われわれは無限を一度に扱っていることに留意しなければならない．たとえば，単純にすべての$n\in\mathbb{N}$に対して$a_n=2$なる数列の存在について考えてみよう．その存在性といえども，明らかではありえない．これは次の理由による．

任意に自然数$n\in\mathbb{N}$が選ばれたのであれば，このnに対して$a_n=2$なる対応をつけることはできる．ということは，自然数の集合$\mathbb{N}$からすべての自然数を選び出すことができるかが問われなければならない．

このような問いに対して，それは明らかであると思うのは，次のようなわれわれ人間の側の想像性の問題による．

$\mathbb{N}$からまず1を選び出すことは自明である．次に部分集合$\mathbb{N}\setminus\{1\}$から次の2を選び出すことも明らかであろう．このようにして次々に3, 4, 5 $\cdots$ と選び出すことは同様に可能ではないのか．

確かにこのように $\{1,\ 2,\ \cdots,\ n\}$ まで選んだとき，残りの最初の数 $n+1$ を選び出すことができるのは可能である．だが，問題はこのように時間を止めてではなく，通して全部の数を選び出すことは根本的に異なることである．

全部の自然数を一度に選び出せるかということと，n まで選ばれたらその次が選び出せるかという可能性とは，根本的に異なる意味をもつ．これは数学的帰納法では解決できないものである．

$\mathbb{N}$ の中の要素をすべて選び出しつくすこと，この“瞬時性と全体性”がなければならない．これを可能だと思い込むのは，有限回までの操作でそれから先を想像に任せて可能だといっていることで，本質的可能性ではないのである．

それは，本質的にわれわれ人間が無限を扱えないからである．

もし仮想的に，全知全能の神がここにいたらこの無限回の選択の操作を一挙に終了してしまうことができるかもしれない．しかし本来有限なるわれわれは，これを越えることは不可能である．

だがそれでもなお，ここにおいてもわれわれ悟性の向かうところは，これを克服する方向なのである．すなわち，ここにおいてもわれわれは選択公理なるものを設定することにより，この困難をクリアすることになる．これを“選択公理”という．

選択公理: $\mathcal{U}$ を空でない集合からなる集合族とする．このとき，写像 $\varphi:\mathcal{U}\to\bigcup\mathcal{U}$ で

$$\forall\, U\in\mathcal{U};\quad \varphi(U)\in U$$

この写像 φ を選択写像という．

深く考えないでこの公理を読めば，公理の公理たる必然性は見えないであろう．

なぜならば，本来空集合でない任意の $U\in\mathcal{U}$ に対しては，要素があるはずで，しかもその要素は U に依存するわけであるから，それを $\varphi(U)\in U$ とすれば，選択写像 $\varphi:\mathcal{U}\to\bigcup\mathcal{U}$ は公理としなくともよい，おのずから構成可能であるように思ってしまう（写像の意味を取り違えるとこのようなことになるであろう）．だが，ここには φ の全体性と瞬時性はみることはできないから，このようなレトリックでは写像は構成されたことにはならない．

しかして，ここに本来有限なる存在としてのわれわれの数学活動上の欠陥があるか

ら，これを補完すべく公理として掲げなければならないのである．

選択写像の存在を公理で保証することにより，写像の存在は保証されることになる．その結果，有限なる存在としての人間は数学という行為において無限を扱うことが自由になりえるのである（これらの議論は拙著 [4] に詳しい）．

われわれは無限を自由に扱える全知全能なる絶対者にはなりえない．だが，数学の活動においてかかる選択公理を設定しこれを認めることにより，ある意味で絶対者に伍した活動を数学という名において行えるのである．

たとえば，カントールの集合論における無限論は，有限な立場からの無限への挑戦である．上の選択公理により写像の存在を保証されたわれわれは，これを駆使することにより，“無限”は単なる有限の否定ではありえないことを，目の前で示すことに成功する．自然数の無限 $\aleph_0$ から出発し，これを超える無限がいくらでも存在することを知るに至るのである．ある 1 つの無限が与えられるとそれを超える無限が必ず存在する，すなわち，無限大はわれわれの想像以上に無限に拡大していることを知ることになる．

これが有限の立場に身をおきながら，これを克服する 1 つの様相である．

第 3 の無限との相克は統計学において見られる．

もしわれわれが有限なる存在でなければ，本来統計学は存在しなかったであろう．つまり，われわれが全知全能でなかったがゆえに，統計学がなければならなかったということである．統計学，特に推測統計学は自らの有限なる立場に立脚して無限への挑戦を行うところにその本質があるといえる．

それは何も統計学という名前の学問をもち出すまでもなく，われわれ人間が本来的に備えている手法そのものであるといえる．

たとえば，土地の面積の測量であるが，広い土地は一般に誰が測量しても同じ値が出るとは限らない．この場合，有限人の測定，あるいは有限回の測定でその土地の面積を推定することは，古来からやっていることである．それは，本来人間は無限回の測定はできないことの上に成り立っている手法である．

神でないわれわれには，その土地の正確な面積を出すことは，もともと不可能である．それを前提として，生活上の必要性との妥協点，調和点としてそのような推定値で満足しているにすぎない．しかし，これは統計学が本来プラグマティクな真理を探究する性格上これでよいのである．

太古の昔，科学がまだ未分化の状態においてでも，統計学の本質はもともと存在していたであろう．

獲物の行動を予測する，収穫を予想する，樹木の大きさ，土地の広さ，あるいは動物の大きさを記述する等々，すべてが統計学の具現化されたものであったことが予想される．

たとえば，雨が降ることを予想，予知することは当時も今も必須であったことには変わりはない．これを雲の動き，吹く風の湿り具合，風の向き，鳥の動き等々，何らかの方法で予知していたであろう．これはその土地土地，あるいは四季折々に違った方法であったかもしれない．しかし，これらのいずれを採用するかは，それが他のものよりはずれが少ないからであったろう．ここには推定法の基礎が萌芽しているといえよう．

一方，まだ右左何にもわからない赤子が，試行錯誤により知識を獲得し，これを帰納的に更新していく過程こそ，まさに推測統計学そのものであるといっても過言でない．

彼らにとって当初, 母親は自分の欲求をいつでも何でもかなえてくれる存在ということを，経験で知るであろう．そして，これを仮説 H とする．しかし，時によっては，たとえば危険が迫っているときなど，母親は自分の欲求をさえぎってしまう．このことを一回でも経験すれば，彼らはその経験で H を否定し，母親はいつでも何でもやさしいばかりではないという仮説 H' を受け入れるであろう．つまり，仮説 H が正しいという下で，起こりえないことを1つでも観察経験すれば，そのような仮説を否定し，そうでない仮説 H' を受け入れるのである．これはまさに，仮説の検定そのものである．

火は自分にとって暖かさをもたらすばかりではなく，危険である，しかし上手に使えばとても役に立つことを知るに至ったのは，当初の仮説を否定し，より正確な，自らの生活に合った仮説に更新していったからである．この過程こそ，仮説検定の実行である．

この社会の中で生きていく上で他人との付き合いは欠かせないものである．この他人だれそれがこういう人である（たとえば，やさしい人である）というのは，これまでの付き合い，観察からの仮説 H である．この仮説 H を受け入れていたところ，その仮説からは出てこないような行動を目にしてしまった（たとえば，彼が別の人をいじめている現場を目撃した）とすれば，そのような仮説 H は否定され，それを改良した仮説 H'（彼はやさしいばかりではない）を採用するであろう．

こうして，彼に関する知識はより正確な，もしくは自分にとって有用な情報に作り変えられていくはずである．これはまさしく，仮説の検定の繰り返しにほかならない．逆にいえば，推測統計学における仮説検定は，この試行錯誤し帰納的に知識を改良していく過程そのものであるといえる．この意味では推測統計学は別のところに存するのではない．

もし，われわれ人間が全知全能の神であれば，このような帰納法による知識の獲得，仮説検定による知識の改良等々は必要でないのかもしれない．一挙にして彼がいかなる人物かを見抜き，それによって正しい対処法をするであろうからである．

だがそうでないわれわれは上のようにすることで，己の有限性を乗り越えていかざるをえない．この姿こそ，われわれ人間が自らの有限性に立脚し，いかにこれを克服しようとするかの懸命なる試みであるといえるのではないか．

したがって，この懸命なる姿こそ統計学の真髄ということができる．

このような観点から以下において“具体的トピック”について統計の考え方をみてみることにする．

1.1　母集団，標本と確率変数

現代の推測統計学の根幹を成すコンセプトといえば，1つは“母集団と標本”の考え方ともう1つは“確率変数”であるといえる．これらは独立した概念でなく，相互に相補っている概念である．また，両者は推測の入らない記述統計学においてはなかったものである．

たとえば，ある町の面積を知る必要があったとしよう．この場合，まずやることは厳密で客観的な測量であろう．幾何学（Geometry）の語源が土地の測量にあったことを考えると，このようなことはまだ数学が分化していない時代においてもなされることは想像に難くない．

その結果，$s = 50km^2$ をえたとすれば，これがすべてであろう．所期の目的はこの測量の値をえたことで達成されたことになる．測量上のばらつきや偏りを修正する意味で 10 回同様の測量を行ったにしても，このことは同じである．

つまり，測量の結果えられたデータが知りたいことのすべてであることには変わりがない．この場合の測量というアクションの目的は，あくまでそのデータをえて，それでその町の面積を記述することにあるからである．

同様に A, B 両町の違いを記述するとなれば，この面積を調べ，人口を調べ，物の生産量を調べ，ありとあらゆる項目に関する調査を行い，その結果で両町の違いを記述することになるであろう．この場合もえられたデータのセットが知りたいことのすべてである．

これに対して，推測統計学においてはえられたデータはその“目的”ではなく，あくまで“資料”であるとみる．すなわち，推測統計学の目的は，その町の面積の真の値を知ることであり．えられたデータはそのための単なる資料にすぎないとみるのである．

なぜそのような立場になるのであろうか．

その 1 つは，われわれ人間の有限性に由来する．われわれは全知全能な神ではないのであるから，その町の面積の真の値はいかようにやっても知ることはできない．これは，いかに正確な測量をやっても，である，かつ推測統計学の結果においてもである．

水も漏らさぬ正確な測量は想像では可能であるが，実際的には不可能である．したがって，えられたデータがその町の面積の真の値である保証はないといえる．結局，いまえられた $s = 50km^2$ はそのままでは飲み込めないのである．したがって，えられたデータは絶対的なものではなくて，これをもとに真の値を推測するための資料と見なければならない．

次に偶然性の問題がある．いまえられたデータは，われわれの目的にかなうように必然的に出てきたものではない．その測量においてそのデータが偶然出てきたものである．したがって，同じ条件のもとで同じ測量をやれば，同じデータが出るとは限らない．別の人がやってもそうだし，同じ人がやってもそうである．

ということは，このような測量を仮にもし無限回行えば，無限個のデータが出てくるであろう．無限回というより，可能なだけの測量を行った場合のデータの集まりΣが想定されることになる．

われわれが具体的に測量してデータ$s = 50km^2$をえたということは，その仮の集合Σから偶然データ$s = 50km^2$が選ばれたと考えることができる．2回目の測量においてデータ$s = 51km^2$をえたのであれば，これもΣから選ばれたとみる．

Σは仮に想定している測定値の集合であるから，われわれ人間の側からはその構造はうかがい知ることができない．ただ存在性を主張できるだけである．このΣの構造はうかがい知ることができないが，その中にはある実数がある割合で，あるいはある区間の実数がある割合で入っているはずである．

われわれが完全に知ることができるのは，そこから選ばれた有限個のデータのみである．つまり，そのΣからの一部分である．このΣを**母集団**，観測，観察，測定からえられる有限個のデータをその母集団から**標本**という．

母集団の中のデータを仮に相加平均すれば，面積の真の値μになることは後の議論で明らかになる．つまり，真の値μがいくらであるかは，その母集団の全体像によって規定できるのである．それに反して，われわれが知ることができるのは，その一部である標本にすぎないのであるから，そこに無理がある．

この全体（＝母集団）から規定される係数をその一部分（＝標本）から推測するという構図が推測統計学の本質である．

この例は壺のモデルでたとえることができる．壺の中にはその土地の測量の結果がすべて詰まっている．つまりその測定にかかわる測定値がある割合で入っている．そして測定の結果あるデータを出すことはこの壺からの無作為抽出に対応する．この場合壺の中が母集団であり，そこからとられたデータが標本に対応する．

このように壺のモデルにおいて，測定結果はその壺からとられる球にたとえられるが，これは測定するたびに異なる．つまり，変数であるからこれを変数Sで表すことにする．そして測定値$s = 51km^2$をえたということは，Sの1つの実現値$S = s = 51km^2$をえたことになる．

壺の中の状態は変数Sの実現の仕方と同じである．すなわち，Sが何をどれくらいの確率で実現するかは，壺の中のどんな実数の球がどれくらいの割合で入っているかに対応する．別のいい方をすれば，壺の中の分布は S の分布によって再現されることになる．

測定値の全体像はこの 1 個の変数 S に置き換えられたことになる．1 個の変数によって無限個の分布が再現されることになる．このような変数 S を確率変数という．つまり，変数 S はどんな実数をどれくらいの確率で実現するかを兼ね備えているのである．

壺の中の分布が確率変数によって表された以上，われわれはこの変数の動きと性質を調べることによって，面積の真の値 μ を推測することになる．

このようなモデルのあり方こそ，推測統計学の典型的パターンといえる．

1.2　手元にある石ころの重さはどうして知るか

いま手元に石ころがあるとしよう．この石の真の重さ μg がいかほどかを知りたいとする．

まず，石ころは真の重さ μg を確かにもっているであろうか．

これは確かになければならない．われわれが知ることができるかどうかは抜きにして，その値は存在しなければならない．たとえば，1kg は重すぎる．700g では軽すぎる．そのようにして狭めていったときの，ある値が存在しなければならない．

このように石ころの重さがが固有に存在している以上，その真の重さは確定していなければならない．

そこでまずやることは，この石をはかりにかけて測定することであろう．その結果 850g をえたとする．それでは，この石の重さは 850g であると結論してよいであろうか．

だが，その前にわれわれにとってこの 850g のもつ意味を考えてみなければならない．

目盛りで読み込んだ 850 という数値はあくまで，その測定においてそう読み込んだ数値にすぎない．そのはかりの目盛り 850 を読んだその瞬間を想像してみよう．一体その測定値が真に 850 であるということがいえるであろうか．

その目盛りが真に 850 を指していたのかは，誰も断言できないであろう．なぜならば，その目盛りのところを無限に拡大した場合，ちょうどぴったり 850 を指すことはないはずである．もっと精度の良いはかりに変えて測定すれば，この 850 はさらに ± があるはずである．精度の良いはかりでは 850.09g を目盛りは指しているかもしれない．あるいは，849.10g を指しているかもしれない．さらに精度を上げたはかりでは，測定値 850.095g となるであろう（後でわかるように，確率論的にはある特定な数値を読みとる確率は 0 にしなければならない）．

つまりわれわれはいかなる測定にしても，それが具体的現実的測定である以上，真の重さを測定の結果読みとることは不可能である．つまり測定では真の値を読み込むことはできない．

それゆえ，日常行っている重さの測定はそれぞれの目的に応じて，適用な妥協点を見つけているにすぎない．たとえば，牛肉 200g というのは，その目的に応じて $200 \pm \varepsilon$ g を 200g と表現して，生活の目的に合わせているにすぎない．

以上のように測定値，観測値というものはあくまで人間の側の自己表現であって，石ころそのものの重さではない．

もしその人の測定に偏りがあればどうであろうか．その人が多めにみる癖があれば，あるいは逆に少なめにみる癖があれば，その結果出てきた測定値はそのような性格のものになるであろう．

そこで，1 人ではなく無作為に選んだ n 人に測定してもらうことにする．ここに無作為にとは，ある目的をもった，あるいはある偏りをもった集団ではないという意味である．その n 個のデータ

$$(*) \qquad x_1,\ x_2,\ \cdots,\ x_n$$

を相加平均して $\overline{x} = 849.78$ をえることになる．それではこの 849.78 g というのは石ころの真の重さといえるであろうか．

1 人で 1 回測定して出すよりも，偏りのないデータにはなっているであろうが，これが真の重さ μ である保証は何もない．

統計学に推測がない場合は単にこの $\overline{x}$ の値でその石ころの重さを記述して終わりである．推測統計学というものが浸透していない頃においては，それですんだであろう．

しかし，推測統計学においては，われわれはこのデータ $\overline{x}$ で μ を推測しなければならない．

もしわれわれが，無限の時間と費用その他もろもろの制約がなければ，このような測定を無限回行うことができるであろう．つまり，n を 10 人，100 人，1000 人と増やすことができるであろう．極端にいった場合，$n = \infty$ の場合の相加平均がもしあれば，これがその石ころの真の重さであることが証明される．

しかし，われわれ人間の測定をやる回数には限度がある．そのような無限は扱えないのである．つまり，この場合の構造は次のようにいうことができる．

つまり無限個のデータによって規定される μ の真の値を，有限個のデータからいかにして有効に推定できるかということである．これが，推測統計学の本質であるといえる．われわれ人間の有限性に立脚した上で，無限によって規定されるものを推定しようとしていく立場にほかならない．ということは，ある意味で身は有限な立場におきながら，無限への挑戦をやっているということができる．これが“統計学における1つの真髄”である．

さて，上の問題に戻ろう．このようにえられた $\overline{x}$ の値であるが，これはまた別の m 人の測定結果についてその相加平均をとれば，別の値 $\overline{x} = 848.99$ をえるであろう．さらに別のグループが測定すれば，また別のデータがえられることになる．

だが実際はそう何組にもわたって測定していくには時間的，経済的余裕がない．したがって，これをずっと続けていくわけにはいかないのである．

そこで，$\overline{x}$ の値の動きをみることにする．ということは，$(*)$ の各データ x_i の代わりにこれを変数とみなして，データを表す変数

$$X_1,\ X_2,\ \cdots,\ X_n$$

を考えることにする（これをサイズ n の標本確率変数という）．このとき

$$\overline{X} = \frac{1}{n}\sum_{i=1}^{n} X_i$$

は数ではなく“関数”である．そして上の，$\overline{x} = 849.78$ はこの $\overline{X}$ のたまたまの実現値であるとみる．

したがって，$\overline{X}$ の動きをみるためには，各 X_i の動きを知らなければならない．各 X_i は測定値として他の X_j に依存して値を実現するものではない．それぞれが独自に測定をするから，第 i 番目の人の測定はそれまでの人の測定に依存して決まるので

はない．そうすると各 X_i の値の実現の仕方は，みな同じということになる．この独立性と同一規則性が大事なところである．

たとえば，あまり予想から離れた測定値を出せばまずいと思って，少し控えめに，あるいは多めに測定値を読むのは，この場合のデータではないということである．

それでは各 X_i の実現値には，すなわち，その石ころの重さを量り測定値 X を出すことには，一体どういう一般的法則が考えられるであろうか．

まずすぐ考えられるのは，X は μ の近くの値は実現しやすいが，遠く離れる値は出にくいということである．

つまり，真の値 μ との誤差はある法則にしたがって実現されるということである．この誤差の法則にどのような法則を当てはめるか，つまり数学的にはどういう曲線を当てはめるかが，次のテーマとなるであろう．

これに対して，経験則およびその後の検証により次のような曲線を当てはめることにする，

$$f(x) = \frac{1}{\sqrt{2\pi}\sigma} e^{-\frac{(x-\mu)^2}{2\sigma^2}}$$

この中で σ はある定数とする．

このような関数を当てはめることは，まったくわれわれ人間の方がやっていることであり，石ころの測定がそれにしたがうという絶対的真理があるわけではない．がしかし，これまでの経験則および検証がその妥当性を与えている．したがって，このような分布 (これを後ほど正規分布というが) はわれわれの構成物にすぎない．

分布とはこの場合何の分布であろうか．それは，その石ころの測定値のすべての集合の分布である．仮想的に，その石ころを可能なだけ測定したデータがすべて集められた集合を考えている．したがって，無限の測定になるからこれの相加平均としての μ の真の値はわれわれには知られていない．

n 回測定してデータを出すことはこの集合からの無作為抽出を意味する．

このような n 回の測定の結果出す $\overline{x}$ の値は，関数 $\overline{X}$ の 1 つの実現値とみなせる．したがって，関数 $\overline{X}$ の動きはこれまた 1 つの分布を作り出すであろう．この $\overline{X}$ の分布，すなわち，動きを知ることが μ の値を推定するエッセンスとなる．

もし，$\overline{X}$ が，μ を中心としてばらついていれば，換言すれば，$\overline{X} - \mu$ が 0 を中心としていれば，$\overline{X}$ の 1 つの実現値としてえられた $\overline{x}$ の近くに μ が存在していると想像

できる．

よって，この場合，石ころの重さは $\overline{x}$ であると推定するのは，自然である．しかし，このような性質，すなわち，真の値との偏りがないという性質をもつ関数

$$Y = \varphi(X_1,\ X_2,\ \cdots,\ X_n)$$

は $\overline{X}$ だけではない．たとえば，

$$Y = c_1X_1 + c_2X_2 + \ \cdots\ + c_nX_n, \quad c_1 + c_2 + \ \cdots\ + c_n = 1$$

なる Y はこの性質をもつことがわかる．ということは，偏りのない μ の推定は一意に確定するのではない．そこで，同じ偏りのない関数の中で，μ との隔たりの平均的な距離が小さいほど，より良い，推定法であるといえる．

これを別のたとえで述べてみよう．

たとえば的 (μ) に向けてとり付けられている銃 G_1, G_2 があるとする．ただし，的がどれであるかはわれわれにはわからない．われわれはこの中のいずれかを選んでただ 1 発のみを発射できるとする．これは有限個のデータをえたにしても，ただ 1 個の推定値にまとめて，これで推定することに似ている．このとき，いずれの銃を選んで的を撃つのであろうか．

まずすぐにいえることは，これらの銃が的に向かって据え付けられていなければならないということである．銃の目指しているものが的を向いていなければどうなるか．確かにまぐれに，数を打てば当たることもあるかもしれないが，その痕跡の中心は的ではないから，ただ 1 発の発射に関する信頼の度合いは低いであろう．

この的にむかって据え付けられているという条件が，G_1, G_2 が偏りがないことを意味している．

次に，偏りのない 2 つの銃で G_1 と G_2 を比べてみた場合，ばらつきの度合いが G_1 が G_2 より小であるとしよう．このことは，2 つの銃で数多く撃てば，その痕跡は両方とも，的 (μ) を中心にばらついているが，G_1 の方がよりまとまっているということを意味している．この場合，われわれはただ 1 回銃を打つわけであるから，当然 G_1 の方を選ぶ方が信頼度が高いのは明らかである．

このようにして，その石ころの重さの推定は，偏りのない，かつその中でばらつきが最小な方略で行うのが合理的である．この場合の $\overline{x} = 849.78$ がそのような性質をもつことが証明されている．

このように，推定法においては，あくまで身を有限な立場において，全体から規定される真の値を推定していく方法である．

1.3 A, B という2国の青少年の数学の能力を比較するには

2国 A, B のたとえば 12 歳の数学の能力を比較するにはどうしたらよいのか．すぐ思いつくのは，同一の数学の試験を同一条件で両国から選ばれた n, m 人に対して実施し，その結果を比較することになるであろう．ただし，選ばれる生徒はよくできる人ばかりで集団ではあってはいけないので，無作為に選ばれた人でなければならない．それらの結果を

$$x_1,\ x_2,\ \cdots,\ x_n;\quad y_1,\ y_2,\ \cdots,\ y_m$$

とおく．これら $n+m$ 個のデータをそのまま書き連ねて，それでもって比較のすべてとしてもいいかもしれないが，この2つのグループの成績をより少数の指標にまとめて提示した方がわかりやすいであろう．そのような観点から2つのグループのおのおのの平均値と標準偏差を計算し，それで2国の比較を記述するのがまず思いつく方法である．

$$\overline{x} = \frac{1}{n}\sum_{i=1}^{n} x_i,\quad \overline{y} = \frac{1}{m}\sum_{j=1}^{m} y_j$$

$$s_x = \sqrt{\frac{1}{n}\sum_{i=1}^{n}(x_i - \overline{x})^2},\ s_y = \sqrt{\frac{1}{m}\sum_{j=1}^{m}(y_j - \overline{y})^2}$$

この場合の平均値はそれぞれ2国の成績の代表値である．また標準偏差はその平均値の周りへのばらつきを表す．その平均値の比較で2国の成績の大小を記述する方法である．

これ以外の代表値としては，次のものが使用されればより正確な記述になるであろう．

(a) 最大，最小値：そのグループにおける最大な数値，最小な数値

(b) 中央値（メジアン）：すべてのデータを小さい方から大きい方へ配置したとき，真ん中にくる値のこと

(c) モード：グループの中でもっとも頻度の多い数値

このように 2 国の比較のためのデータを数多くとり，それらをより少数の指標に纏め上げてこれで記述するというやり方が“記述統計学”である．

この限りでは推測ということが働いていない．たとえば，両国の平均が $\overline{x} = 76.67$, $\overline{y} = 74.98$ の場合，それでもって A 国が優秀であるといえるであろうか．つまり，この差 $\overline{x} - \overline{y} = 1.69$ は果たして意味のある差といえるであろうか．

本来 $\overline{x}$, $\overline{y}$ は両国の一部の人からとられた平均値である．この差が全体の差を表すことの保証はあるのであろうか．

1.69 の数値は誤差の範囲に属するものではなかろうか．そうでないとすれば，その根拠は何であろうか．つまり，この差自体は意味のある差ではなく，偶然のいたずらかもしれないのである．

原点に帰って考えてみよう．一体 A, B 両国を数学の成績の差というものはどんなものであろうか．そしてそれを数値で表すとすれば，何によってそれは表現されることになるであろうか．

そのためには，両国の生徒の個々の生徒の成績では意味がなく，両国を構成する生徒全体の成績を比較しなければ規定できない．つまり，両国の生徒全員に試験をしてその結果えられたデータ全体の比較をしなければならない．もしそのような一斉テストが可能であれば，両国のそれぞれの平均値 μ_A, μ_B がそれぞれを代表する真の代表値とみなしえるであろう．よって，$\mu_A - \mu_B$ の正負は意味があるといえる．

だがわれわれには，両国の生徒全員にそのような試験を行うことはできない．これは，時間的，経済的，その他もろもろの事情による．ここでも結局はわれわれ人間の有限性に帰着するはずである．したがって，そのような真の差 $\mu_A - \mu_B$ はわれわれには到底知りえない．だが，存在は仮定する．

われわれが完全に知りえるのは，それぞれの一部からのデータ x_i, y_j のみである．A 国の一部であるデータ x_i と B 国の一部であるデータ y_j から全体から規定される $\mu_A - \mu_B$ をどう推測し，検定するかにかかっている．

このように記述統計学か否かは，えられたデータを背後にある母集団の一部とみるか否かによる．記述統計では，そのデータそのものが知りたいデータであるが，推測統計では，それらのデータはあくまで知りたい対象ではなく，それを道具とみる．えられたデータはわれわれの知りたい対象そのもではないのである．

このとき，上の例で述べたように，A 国の全員の成績の集まった母集団と B 国の全員の成績の集まった母集団を想定する．そして，それらの分布は正規母集団 $N(\mu_A, \sigma^2)$, $N(\mu_B, \sigma^2)$ を仮定する．ここで σ^2 が同じなのは，数学の同じ試験の成績だからである．

ここで検証したいことは，両国の数学の成績に差があるか否かということであるから，仮説

$$H_0 : \mu_A = \mu_B$$

を設定しこれを検定することになる．

この仮説 H_0 が正しいという前提で，どのようなことが起こりにくいことであろうか，あるいは起こりやすいことであろうか．仮説のもとでめったに起こらない事象 W を探す．しかもそれを，両国の n, m 人の成績の平均値の差を表す変数

$$\overline{X_A} - \overline{X_B}$$

に関する事象として表す．そこで現実に $\overline{x_A} - \overline{x_B} = 1.69 \in W$ が起これば，仮説のもとで起こりにくいことが起こったことになるから，そのような仮説 H_0 は否定されなければならない．結果として両国の差が認められることに結論する．もし，$\overline{x_A} - \overline{x_B} \in W^c$ であれば，起こりにくいことが起こらなかっただけであるから，その限りでは仮説 H_0 は否定されない．この理由はまったく，赤子の例で述べたようにわれわれの帰納的知識の獲得と何ら変わるものではない．

1.4　手元のサイコロは正しいか

いま手元にサイコロがあるとする．このサイコロは完全なものかどうか，すなわち，偏りのない理想的なサイコロといえるかどうかはわからない．

もし何らかの方法で，そのサイコロの各面の比重が同じであると確定できる方法があれば別だが，実際問題としては，そのサイコロの形を壊さずにはできない．つまり，われわれにはそのことは“完全に知る方法”はないのである．これが統計学の出発点となる．

もしわれわれが無限の時間と能力をもった存在であれば，これは可能かもしれない．

なぜならば，このサイコロを無限回振ることを試みるであろう．そうしたときのある目（1 なら 1 の）の相対度数 p_n を記録することができる．

そうすれば，次の大数の法則（6.4 節参照)

$$p(|p_n - p| < \varepsilon) \to 1 \quad (n \to \infty)$$

により，われわれは p_n の動きとして $p_n \to 1/6$ か否かが確定するはずである．そうすることで，各目が等確率であるかどうかは判定できることになるからである．だが，これまで何度も述べたようにわれわれはそのような存在ではない．有限の試行しかできない．すなわち，有限なる n に対して p_n を知るのみである．この有限の試行から，全体から規定される p の情報をえなければならない．ここに，“有限と無限の相克”がある．

ここで具体的事例としてウェルドンのサイコロの試行（[2, pp.137–138]）をとり上げてみる．ウェルドンの試行は以下のようなものである．そのサイコロを 12 回投げてこのうち 5 か 6 の目の出る回数 X を観測する．そこで次のような仮説を設定する．

$$H_0: \text{そのサイコロは偏りがない}$$

もし，H_0 が正しければ，変数 X は 2 項分布 $B(12, p)$ にしたがう．すなわち，

$$P(X = n) = \binom{12}{n}\left(\frac{1}{3}\right)^n\left(1 - \frac{1}{3}\right)^{12-n} \qquad n = 0, 1, \cdots, 12$$

で計算できることになる．

ウェルドンはこのような試行を 26306 回実際に行った．その結果，その観測された $n=0,\ 1,\ \cdots,\ 12$ の相対度数は次の表のようになった．

Weldon's dice data		
n	観測相対度数	$P(X=n)$
0	0.007033	0.007707
1	0.043678	0.046244
2	0.124116	0.127171
3	0.208127	0.211952
4	0.232418	0.238446
5	0.197445	0.190757
6	0.116589	0.111275
7	0.050597	0.047689
8	0.015320	0.014903
9	0.003650	0.003312
10	0.000532	0.000497
11	0.000152	0.000045
12	0.000000	0.000002

これをみると実際に観測された各ランクの相対度数と，仮説 H_0 のもとでの各ランクの確率を比較すると，似ているようにも見える．見方によっては似ていないようにも見える．しかも，この理論と実際の差は偶然そうなったということも考えなければならない．つまり，われわれは無限の母集団から一部のデータをえて比較しているのであるから，どちらにしても偶然性を加味しなければならないはずである．

理論と実際に観測されたデータの適合性は“適合度の検定”によってなされることはわかっている．

実際これを適合度の検定の手続きによって処理すれば，次のような結論をえる．

「もし，仮説 H_0 が正しければ，理論と実際がいまえられた表意上に適合していない確率は $p=1/10000$ である」

この結論を解釈すれば，仮説 H_0 が正しければ，上の表のような違いが実際に起こるのは 10000 回に 1 回程度であるから，これはめったに起こらないことである．

そのめったに起こらないことがいま起こっているから，そのような仮説 H_0 は否定されなければならないであろう．

なぜならば，めったに起こらないと予想されていることが起こることは異常であるからである．よって H_0 は否定されて，そのサイコロは偏りがあるという結論をえることになるのである．

もっともこの結論に対する信頼の度合いは 999/10000 である．残り 1/10000 は否定した結論が正しいことがありえる．この信頼性を 100 %にすることは，できない．意味のある検定を行う以上ある程度の危険率は覚悟しなければならない．なぜならば，本来われわれのやっている手続きは無限の中の一部をよりどころにしているからである．

しかし，このような形で，無限を克服している数学の一形態であることには変わりはない．

ここに，有限な立場から，これを克服せんとする，“統計学の真髄”がある．

1.5 理論と実際の適合性

われわれの統計学のやり方は，自然界や物事の背景には数学的モデルがあって，これに支配されているという考え方の上に成り立っている．たとえば，ある長さの測定において，その誤差には誤差の法則，すなわち，正規分布が背景にあって，これにより測定の標本値は実現されるとか，あるいはある地域の 1 年間の自殺者の数はポアソン分布にしたがっているとか，何らかの数学的モデルを当てはめて想定している．

だが，本来自然界や社会的法則はこれらの数学的モデルとはか変わりがないはずである．数学的モデルはわれわれ人間の側の創造物であって，物事の背景にこれらが本来存在していたわけではない．かつまたそれに支配されているわけでもない．

これら数学的モデルは，自然界や社会的法則解明のために考案した，あくまでモデルでしかない．

しかるに，われわれの統計学は，試行の結果えられた標本の背景にはある特定の数学的モデル，すなわち，数学的確率分布が想定されるとするところから始まる．

したがって，理論と実際が実際に適合しているかどうかということは，われわれが常に考えておかなければならないことである．

この場合の理論と実際，理論と現実の適合性をどういうように検証していくか．これが統計の1つのテーマである．結論をいえば，これも結局はわれわれ人間の有限性に立ち戻らなければならない．これを1つのテーマで見てみよう．

メンデルのえんどう交配実験の結果は次の通りとなった．

種子の種類	A_1 : 円形黄色	A_2 : 角形黄色	A_3 : 円形緑色	A_4 : 角形緑色	計
観測度数	195	49	64	12	320

表 1.1 メンデルの実験

このことをもとに，えんどう交配においては4つのグループは9:3:3:1の法則にしたがって現れるといえるかを検証してみる．

自然界の法則として9:3:3:1が受け入れられるかどうかは，厳密な意味では本当は誰にもわからないであろう．それをわれわれはこの320個の観察から決定しなければならない．そこで，統計学のとる方法は背理法的手法である．

まず最初に，自然界はこの9:3:3:1にしたがっていると仮定する．すなわち，各クラスの確率が次のようになること

$$p_1 = P(A_1) = \frac{9}{16},\ p_2 = P(A_2) = \frac{3}{16},\ p_3 = P(A_3) = \frac{3}{16},\ p_4 = P(A_4) = \frac{1}{16}$$

を正しいとする．

この法則を正しいとみなして，当のデータが“仮定のもとで起こりやすいことが起こった”ことを意味しているのか，“起こりにくいことが起こった”ことを意味しているのかを，決定することになる．

そのためには，その仮定が正しいとした場合の各クラス A_1，A_2, A_3, A_4 の期待度数を出す．この期待度数とは，その背景に9:3:3:1が正しいとした場合，理論的に予

想される度数，理論度数である．これは簡単に次のように計算される．

$$A_1 \text{ の理論度数} = 320 \times \frac{9}{16} = 180$$
$$A_2 \text{ の理論度数} = 320 \times \frac{3}{16} = 60$$
$$A_3 \text{ の理論度数} = 320 \times \frac{3}{16} = 60$$
$$A_4 \text{ の理論度数} = 320 \times \frac{1}{16} = 20$$

これを表でまとめると次のようになる．

種子の種類	A_1：円形黄色	A_2：角形黄色	A_3：円形緑色	A_4：角形緑色	計
観測度数	180	60	60	20	320

表 1.2 理論度数

この 2 つの表を見比べた場合，違いがあるといえるであろうか，ないといえるであろうか．これを決定するのが，数学の役目である．表 1 と表 2 の違いを表す物差しとして，次の量を計算する．

$$\chi_0^2 = \frac{(195-180)^2}{180} + \frac{(49-69)^2}{60} + \frac{(64-60)^2}{60} + \frac{(12-20)^2}{20} = 6.73$$

数学の理論によれば，χ_0^2 は上の仮定が正しければ，ある法則によって値を実現することが証明されている．この場合の $\chi_0^2 = 6.73$ は，“仮定のもとで，表 1 は起こりやすいことが起こった”ことを意味している，いい換えれば，表 1 と表 2 は類似しているといえる．したがって，何ら疑う根拠をもたないから，法則に支配されているということを受け入れることになる．

このように，この場合も起こりやすいことが起こったのか起こりにくいことが起こったのかを判断することにより，決定せざるをえない．

これらは冒頭で述べた赤子のとっている思考とまったく同じである．

2　確率論

観測，実験を試行といい，試行によって生ずる様々な結果を事象(event) という．たとえば，サイコロを振るという試行に対しての結果は目の数が $\Omega = \{1,\ 2,\ 3,\ 4,\ 5,\ 6\}$ がすべてである．したがってこの試行に関する事象は Ω の部分集合族が考えられる．たとえば，偶数の目が出るという事象 E は $E = \{2,\ 4,\ 6\} \subset \Omega$ と表現される．

このように事象の多くの場合は集合論の記号が使用される．試行の結果，起こりえる結果を数値化することから，事象は実数 $\mathbb{R}$ の部分集合となることが多い．

ここで，事象についての約束事を列挙しておく．

(1) 和事象: 事象 $A,\ B$ に対して A または B のいずれかが起こる事象を A と B の和事象といい，記号で $A \cup B$ と表す．これは単に 2 個の事象に対してでなく，事象列 $A_1,\ A_2,\ \cdots$ に対しても定義される．$(A_i)_{i\in\mathbb{N}}$ の少なくとも 1 つが起こる事象は

$$A_1 \cup A_2 \cup\ \cdots\ = \bigcup_{i=1}^{\infty} A_i$$

と表される．

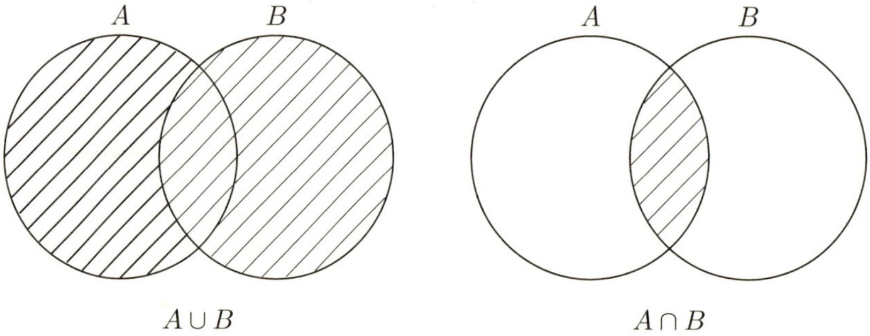

図 2.1　和事象，積事象

(2) 積事象：事象 $A,\ B$ に対して A と B のいずれも起こる事象を A と B の積事象

といい，記号で $A \cap B$ と表す．これは事象列 A_1, A_2, $\cdots$ に対しても同様に定義される．$(A_i)_{i \in \mathbb{N}}$ の全部が起こる事象は

$$A_1 \cap A_2 \cap \cdots = \bigcap_{i=1}^{\infty} A_i$$

と表される．

(3) 全事象：すべての事象を含む事象，すなわち，試行により必ず起こる事象で記号で Ω で表す．任意の事象 A, B に対して A が起これば必ず B が起こることを $A \subset B$ で表すと，任意の事象 E に対して $E \subset \Omega$ である．

(4) 空事象：試行の結果不可能な事象を空事象といい，記号で $\emptyset$ で表す．

(5) 余事象：ある事象 A に対してそれが起こらないという事象，すなわち，A の否定が起こることを A の余事象といい，記号で A^c で表す．たとえば，次は明らかである．

$$A \cap A^c = \emptyset, \quad A \cup A^c = \Omega$$

次の公式は集合論でもよく使われる公式である．証明はまったくそれと同様である．

例 2.0.1. （ド・モルガンの公式）

$$\left(\bigcap_{i=1}^{\infty} A_i\right)^c = \bigcup_{i=1}^{\infty} A_i^c, \quad \left(\bigcup_{i=1}^{\infty} A_i\right)^c = \bigcap_{i=1}^{\infty} A_i^c$$

例 2.0.2. A, B, C を任意に与えられた事象とするとき，この3つのうちちょうど1つが起こる事象を述べよ．

解答

A, B, C のうちちょうど1つが起こることは，A だけが起こるか，B だけが起こるか C だけが起こるかのいずれかが起こることであるから，求める事象 E は

$$E = (A \cap B^c \cap C^c) \cup (A^c \cap B \cap C^c) \cup (A^c \cap B^c \cap C)$$

である．

(6) 排反事象：事象 A, B が同時に起こらないとき，互いに排反事象という．たとえば，A, A^c は互いに排反である．事象の列 $(A_i)_{i \in \mathbb{N}}$ についてどの異なる2つの事象が互いに排反であるとき，$A_i \cap A_j = \emptyset \ (i \neq j)$ のとき (A_i) は排反事象系であるという．

確率とは一体何であるのか．

これを一言で述べれば，試行の結果を表す事象に対して，何らかの方法で与えられた0から1までの実数であるということができる．これをわれわれ人間の側からいえば，“繰り返し事象に対する信頼の度合い”と解釈できる．

具体的な確率の定義の仕方については，古典的なものから，統計的なもの，公理論的なものがある．ここではコルモゴロフの公理論的確率の定義を与えておく．

公理 2.1. （コルモゴロフの公理）ある試行に対する任意の事象 A に対してある方法で実数 $P(A)$ が対応付けられていて，下の条件を満たすとき，$P(A)$ を事象 A の確率という．

(1) $0 \leq P(A) \leq 1;$

(2) $P(\Omega) = 1,\ P(\emptyset) = 0;$

(3) $A_1,\ A_2,\ \cdots$ が排反事象系であれば，

$$P\left(\bigcup_{i=1}^{\infty} A_i\right) = \sum_{i=1}^{\infty} P(A_i)$$

この公理により次の公式は明らかである．

定理 2.1. *(1)* $P(A^c) = 1 - P(A);$

(2) $P(A \cup B) = P(A) + P(B) - P(A \cap B);$

(3) $P(A \cup B \cup C) = P(A) + P(B) + P(C) - P(A \cap B) - P(B \cap C) - P(C \cap A) + P(A \cap B \cap C)$

事象 A の確率が0でないとき，任意の事象 B に対して次を定義する．

$$P(B|A) = \frac{P(A \cap B)}{P(A)}$$

このとき，$P(B|A)$ は上の条件 (1)，(2)，(3) を満たすことが明らかにいえる．この確率 $P(B|A)$ を A が起こったときの B の条件付確率という．

$P(A), P(B) > 0$ であれば，

$$P(A|B) = \frac{P(A \cap B)}{P(B)}$$

$$P(A \cap B) = P(A)P(B|A) = P(B)P(A|B)$$

がいえる．

定義 2.1. 事象 A, B は

$$P(A \cap B) = P(A)P(B)$$

がいえるとき，互いに独立な事象であるという．

独立な事象 A, B に対して $P(A) \neq 0$ であれば，

$$P(B|A) = P(B)$$

が成り立つ．これは，A の情報は B の確率に関係しないことを表している．$P(B) \neq 0$ であれば，逆のこともいえる．

例 2.0.3. 壺の中に赤玉 a 個と白玉 b 個が入っているとする．この壺の中から 1 個ずつ 2 回玉をとり出す．1 回目の玉が赤である事象を A，2 回目の玉が白であるである事象を B とする．このとき A, B は独立かどうかについて考えてみる．

解答

もし，復元抽出（Sampling with replacement）であれば，A, B は独立である．しかし，非復元抽出（Sampling without replacement）であれば，独立ではない．

復元抽出であれば，

$$P(A) = \frac{a}{a+b},\ P(B) = \frac{b}{a+b},\ P(A \cap B) = \frac{ab}{(a+b)^2}$$

であるから，$P(A \cap B) = P(A)P(B)$ である．

もし，非復元抽出であれば，

$$P(A) = \frac{a}{a+b}, \quad P(A \cap B) = \frac{ab}{(a+b)(a+b-1)},$$

一方

$$
\begin{aligned}
P(B) &= \frac{a}{a+b}\frac{b}{a+b-1} + \frac{b}{a+b}\frac{b-1}{a+b-1} \\
&= \frac{b}{a+b}
\end{aligned}
$$

であるから，

$$
P(A \cap B) \neq P(A)P(B)
$$

となるからである．

しかし，非復元抽出において，2 回目に白が出る確率は 1 回目に何が出たのかに依存していることは，常識から考えて，明らかである．

例 **2.0.4.** 2 個のサイコロ A, B があるとする．これを一度に振って，出る目を観察する．このとき，A がある目を出す事象 E と，B がある目を出す事象 F は互いに独立である．サイコロが理想的にできているかどうかはわからないから，実際に条件付確率を計算することはできない．したがって，$P(E \cap F) = P(E)P(F)$ が成り立つかどうかは，確かめられない．しかし，この 2 個のサイコロは無意識物であるから，互いに影響し合わないことは明白である．この意味で E, F は独立であるといえる．

例 **2.0.5.** 同じ土地の面積を n 回測定するとし，i $(1 \leq i \leq n)$ 回目の測定結果を X_i で表す．各 $\{X_i\}$ がある値を実現する事象を A_i とる．もし各回の測定が互いに影響し合わないようであれば，A_i と A_j は独立である，$i \neq j$. ただし．もし，何らかの影響が認められるようであれば，独立ではない．たとえば，あまり期待されたデータが出ないので，次の測定を意図的に多少上下するとすれば，A_i, A_j は独立ではない．

3　確率変数

3.1　母集団と標本

ある工程で作られる薬 1 錠当たりの重さを知るために，その工程から作られる薬 1 個をとり出しその重さを測定する．その結果，測定値 1.03mg をえたとする．このとき推測統計では，このデータ 1.03 はその背景に母集団があってそれから偶然えられた標本（サンプル）とみなす．すなわち，その試行を無限回あるいは可能なだけ行ったその測定値の集合が母集団として控えている．データはここから無作為にえられた 1 つの実現値であるとみなす．この実現値はまた別の試行によって別の実現値をえることになる．

ここでデータ $x = 1.03(mg)$ を試行 $\mathcal{E}$ によってえられるデータを表す変数 X の 1 つの実現値とみなすことにする．この変数 X はその試行によってえられるすべての値を実現する可能性をもっている．すなわち，変数 X にはその実現値の集合が対応するばかりでなく，その中のある値，あるいはある範囲の値を実現する確率が存在する．

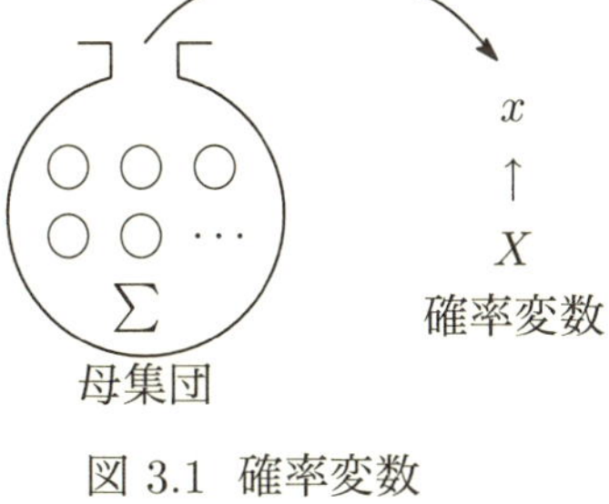

図 3.1　確率変数

このように，何らかの意味で実験，観測，試行を行って測定値を出すことの背景には，その試行 $\mathcal{E}$ に対応する母集団 Ω（すなわち，その試行 $\mathcal{E}$ のすべての測定値の集合）が対応している．1 回の試行の結果いかなるデータが実現するかということはそ

の母集団 Ω から 1 つの実現値を無作為に選び出すことである．いま試行の結果を変数 X で表すことにすれば，X の実現値の範囲は Ω である．また部分集合 $E \subset \Omega$ の値を実現する確率は

$$P(X \in E)$$

として確定していなければならない．

しかし，その値がいくらかということは一般にはわれわれにはわからないのが普通である．なぜならば，それがわからないからそれを知ろうとしていま実験なり観測なりをやっているからである．そしてここは推測統計学の基本的立場である．

このような観点から次の定義を導入する．

定義 3.1. ある情報をえるために行う実験や観測の結果を変数 X で表しこれを確率変数という．個々の試行においてえられたデータ x はこの確率変数の実現値 $X = x$ であるとみなす．

注 3.1.1. (1) 確率変数は実現値ではない．あくまで変数であって，データそのものを表すのではない．個々のデータはその実現値とみなす．
(2) 試行 $\mathcal{E}$ に対して確率変数 X を想定するということは，その背景に X の実現値の集合 $R_X = \Omega$ とその中の部分集合 E を実現値としてえる確率を同時に想定することである．すなわち，“確率変数は母集団を想定すること” である．この点が普通の変数と異なるところである．関数の独立変数はそのとりえる実数の範囲 R_X をもっているが，確率は対応していない．

例 3.1.1. 手元にあるサイコロを 1 回振って出る目を観測するという試行 $\mathcal{E}$ を考える．このとき，出る目の数を確率変数 X とおくと，この背景には次の 2 つを想定していることになる．X の実現値のすべての集合

$$R_X = \{1,\ 2,\ 3,\ 4,\ 5,\ 6\}$$

と X がそれらの値を実現する確率

$$P(X = i) = p_i \quad i = 1,\ 2,\ \cdots,\ 6$$

の 2 つである．つまりこの確率変数 X の背景にはそのサイコロを無限回，あるいは“可能なだけ”振ったときの目の数がいっぱい詰まった壺を想定できる．1 回の試行において実現値 x をえるとは，この中から無作為に 1 個のデータを選ぶことに匹敵する．そして，この際何のために試行を行うかといえば，このサイコロの目の出る確率を知るためである．われわれが完全に知ることができるのはこの確率変数の実現値である．壺の中の 1 から 6 までの構成は神ならぬわれわれには知りようもない．逆にいえば，そのために推測統計学があるのであるから．

例 **3.1.2.** 眼前にある土地の面積を測定するという試行 $\mathcal{E}$ を考える．その測定結果を $X(m^2)$ で表すとすれば，X は確率変数である．その実現値の集合 R_X はそのような試行に伴うすべての測定値の範囲である．したがって一般には実数全体 $\mathbb{R}$ またはその部分集合となる．その無限個の測定値が詰まっている壺が背後に想定される．1 回の試行により測定値を出すということは，この壺からの無作為抽出に相当する．この壺の中の数の状態は，$E \subset \mathbb{R}$ に対してその確率

$$P(X \in E)$$

が存在しているはずであるが，その値自体はわれわれには知ることはできない．

確率変数 X には，その実現する値の集合 R_X によって，2つのタイプがある．R_X が可算集合の場合，X は離散的確率変数といい，R_X が非可算集合の場合，連続的確率変数という．両者の区別は集合論の無限論の議論から出てくるものである．

離散的確率変数の場合は，R_X の各点に対してそれを実現する確率が与えられる．それに対して，連続的確率変数の場合は，1 点を実現する確率は 0 でなければならない．これが両者の大きな違いである．

3.2　離散的確率変数

定義 3.2.（確率密度関数）X を離散的確率変数で，その実現値を

$$R_X = \{x_1,\ x_2,\ \cdots\}$$

とするとき，関数

$$p(x_i) = P(X = x_i), \quad i \in \mathbb{N}$$

を X の離散的密度関数という．このとき密度関数は次を満たさなければならない．

(a) $$\sum_{i \in \mathbb{N}} p(x_i) = 1;$$

(b) $$p(x_i) \geq 0, \quad i \in \mathbb{N}$$

定義 3.3. 離散的確率変数 X の値域を $R_X = \{x_i | i \in \mathbb{N}\}$，その密度関数を $p(x)$, $x \in R_X$ で与える．このとき

$$E(X) = \sum_{i \in \mathbb{N}} x_i p(x_i)$$
$$V(X) = \sum_{i \in \mathbb{N}} (x_i - E(X))^2 p(x_i)$$

を X の期待値（Expected value of X），分散（Variance of X）という．

注 3.2.1. 期待値 $E(X)$ 実現値ではない．たとえば，下の例 3.2.1 でわかるように 3.5 は実現値のいずれでもない．その分布をする母集団の代表値である．もしその母集団からすべての実現値を引き出し算術平均すれば，それは期待値になるであろう．しかし，実際にはこれはわれわれには不可能である．期待値は，その母集団から 1 つの実現値を選び出す直前においていかなる数が実現するかということを代表して述べるときの，代表値である．

注 3.2.2. 分散 $V(X)$ はその母集団の分布において R_X の要素が期待値の周りに散らばっている度合い，すなわち，散らばりの度合いを表す．もし極端な場合 $V(X)$ が 0 の分布があったとしたら，その場合は R_X は 1 点のみの分布である．もし $E(X) = E(Y) = \mu$ である 2 つの確率変数があったとする．もし $V(X) < V(Y)$ であれば，期待値 μ の周りに分布している散らばり方は X の方がよりよくまとまって分布している．いずれも μ を中心として分布するものの，Y の方がばらつきがあるといえる．

注 3.2.3. 期待値，分散とも定義はしたが，実際の場合はわかっていないのが普通である．存在は仮定している．しかし，その値はわれわれには未知である．なぜならば，

この期待値，分散は分布の全体像から決定されるものであるから，一部の標本しか知りえないわれわれは，この真の値は知ることができない．逆にいえば，そのためにわれわれは有限の立場でこれを統計学という形でやっていることになる．つまり，推測統計の目的は，いかにしてこの期待値，分散を推定や検定で知るかというところにある．

例 **3.2.1.** 正しいサイコロを振ったときの目を X とすれば，この期待値 $E(X)$ は

$$E(X) = \frac{1}{6}(1+2+3+4+5+6) = 3.5$$

である．分散 $V(X)$ は

$$V(X) = \frac{1}{6}\sum_{i\in\mathbb{N}}(i-3.5)^2 = 2.9$$

この例の場合，サイコロが正しいという仮定のもとでのことであるから，期待値，分散ともにわれわれに知られる．もしこのサイコロがいま“手元にあるもの”であれば，期待値，分散ともわからないのが普通である．なぜならば，そのサイコロの各目の出る確率，すなわち，密度関数がわからないからである．

例 **3.2.2.** いまここに次のような宝くじがある．この宝くじは 1 枚の購入価格が 200 円で，850 万通を売り出し，当せん金と本数は次の通りになっている．

スクラッチくじ		
等級	当せん金 (円)	本数
1	500000	170 本
2	100000	255 本
3	10000	2890 本
4	1000	425000 本
5	100	1700000 本

宝くじ 1 枚を買ったとき当たる当せん金額を X とすれば，この期待値 $E(X)$ は当せん金として確保されている T

$$T = 500000\times 170 + 100000\times 255 + 10000\times 2890 + 1000\times 425000 + 100\times 1700000$$

をくじの総数 $N = 8,500,000$ で割った

$$E(X) = \frac{T}{N} = 86.4 \text{ (円)}$$

となる．この 86 円がその 200 円のくじ 1 枚に対して期待される当せん金であるといえる．すなわち，期待される値の通りである．

定理 3.1. X を離散的確率変数，$p(x)$ をその密度関数とすれば

$$V(X) = \sum_{i \in \mathbb{N}} x_i^2 p(x_i) - E(X)^2$$

がいえる．

証明

$$\begin{aligned} V(X) &= \sum_{i \in \mathbb{N}} (x_i - E(X)) p(x_i) \\ &= \sum_{i \in \mathbb{N}} x_i^2 p(x_i) - 2E(X) \sum_{i \in \mathbb{N}} x_i p(x_i) + E(X)^2 \\ &= \sum_{i \in \mathbb{N}} x_i^2 p(x_i) - 2E(X)^2 + E(X)^2 \\ &= \sum_{i \in \mathbb{N}} x_i^2 p(x_i) - E(X)^2 \end{aligned}$$

3.3 連続的確率変数

離散的確率変数 X に対しては可算個の実現値 $R_X = \{x_i | i \in \mathbb{N}\}$ の 1 つ 1 つに対してそれを実現する確率が存在していた．それではこれをたとえば可算を超える濃度をもつ部分集合 $A \subset \mathbb{R}$ に拡張できるであろうか．すなわち，実現値 $R_X = A$ 内の任意の実数について正の確率を与えることができるであろうか．もし，そのような密度関数

$$p(x) = P(X = x) > 0, \quad x \in A$$

が存在すれば，

$$\sum_{x \in A} p(x) = 1$$

でなければならない．

ところが，実数の基本的性質としてそのような集合 A は可算集合でなければならない．別のいい方をすれば，有限な閉区間を正の長さをもつ閉区間に分けることができるのは高々可算無限に限る．逆にいえば，離散的確率変数の実現値が高々可算であるのはこの理由によるのである．

以上の理由から実現値が実数全体またはその部分集合で可算濃度を超えるものについては，別のタイプの密度関数を導入しなければならない．

これに対して，次のような確率変数を考えてみる．ある土地の面積を測定する試行を考えると，この結果測定値を表す確率変数 X が想定される．この1つの実現値 $X = 98.2m^2$ を考えてみよう．測定して出した1つの実数 $98.2m^2$ そのものが読み取られているのであろうか．ちょうど98.2そのものを読み取っていると果たしていえるのであろうか．その数値を読み取るところを顕微鏡で無限に拡大していけば，われわれの読み取った数値そのものがぴったり98.2そのものを読み取っているか否かは危うくなるはずである．目に見えないくらいの誤差 $98.2 \pm \varepsilon$ の範囲をわれわれの確認できる範囲との妥協点として98.2と表現しているにすぎない．そしてそのような考え方で無限に推し進めていくと次の2つのことがいえる．

(1) X の実現値として $x \in R_X$ をえる確率は0にしなければならない．

(2) われわれが測定の結果出している特定の値は実はある区間を読み取っているにすぎない．そしてそれを代表させて98.2と表現しているにすぎない．このような考え方から，連続的確率変数の密度関数としては，区間に対して確率を与えるものでなければならない．

そこで，次のようなタイプの密度関数が必要になる．

定義 3.4. 連続的確率変数 X には次の条件を満たす連続関数 $f(x)$ が存在する．

(1) 任意の x に対して $f(x) \geq 0$;

(2) $\int_{-\infty}^{\infty} f(x)dx = 1$;

(3) 任意の実数 a, b, $a < b$ に対して $P(a \leq X \leq b) = \int_a^b f(x)dx$.

このとき $f(x)$ を X の連続的密度関数という．

注 3.3.1. 確率は面積である．線の面積は 0 であるから次の事象の確率はすべて等しい．

$$P(a \leq X \leq b),\ P(a < X \leq b),\ P(a \leq X < b),\ P(a < X < b)$$

また X が 1 点を実現する確率 $P(X=a)(=\int_a^a f(x)dx)$ は 0 でなければならない（これは直感に反するように思えるが，$P(A)=0$ は A が空事象を意味するのではないことを思い起こすべきである）．このことはまた，連続的確率変数の密度関数と違って，密度関数の値 $f(x)$ そのものは確率を表すのではない，ことをいっている．

注 3.3.2. 上で述べたように，X が 1 点 x を実現する確率は 0 である．しかしその x は微少部分 Δx だけの区間の値を実現する確率は存在する．しかも中間値の定理から

$$P(x \leq X \leq x+\Delta x) = \int_x^{x+\Delta x} f(x)dx = f(\xi)\Delta x$$

がいえる．ただし，$x \leq \xi \leq x+\Delta x$．もし Δx が十分小さければ，次が近似的に成立する．

$$P(x \leq X \leq x+\Delta x) \fallingdotseq f(x)\Delta x.$$

離散的確率変数に対する期待値，分散同様，連続的確率変数に対する期待値，分散の定義を与える．

定義 3.5. X を密度関数 $f(x)$ をもつ連続的確率変数とする．このとき

$$E(X) = \int_{-\infty}^{\infty} xf(x)dx$$

を X の期待値といい，

$$V(X) = \int_{-\infty}^{\infty} (x-E(X))^2 f(x)dx$$

を X の分散という．

連続的確率変数の期待値，分散の意味は離散的確率変数の場合と同じである．

定理 3.2. X を連続的確率変数，$f(x)$ をその密度関数とすれば，

$$V(X) = \int_{-\infty}^{\infty} x^2 f(x)dx - E(X)^2$$

がいえる．

証明

$$\begin{aligned}
V(X) &= \int_{-\infty}^{\infty} (x - E(X))^2 f(x)dx \\
&= \int_{-\infty}^{\infty} (x^2 - 2E(X)x + E(X)^2) f(x)dx \\
&= \int_{-\infty}^{\infty} x^2 f(x)dx - 2E(X)\int_{-\infty}^{\infty} xf(x)dx + E(X)^2 \int_{-\infty}^{\infty} f(x)dx \\
&= \int_{-\infty}^{\infty} x^2 f(x)dx - 2E(X)^2 + E(X)^2 \\
&= \int_{-\infty}^{\infty} x^2 f(x)dx - E(X)^2
\end{aligned}$$

例 **3.3.1.** X を連続的確率変数としその密度関数 $f(x)$ が次で与えられているとする.

$$f(x) = \begin{cases} \frac{1}{1500^2}x & (0 \leq x \leq 1500), \\ \frac{-1}{1500^2}(x - 3000) & (1500 \leq x \leq 3000), \\ 0 & (\text{その他}) \end{cases}$$

このとき期待値は次で与えられる.

$$\begin{aligned}
E(X) &= \int_{-\infty}^{\infty} xf(x)dx \\
&= \frac{1}{1500^2}\left[\int_0^{1500} x^2 dx - \int_{1500}^{3000} x(x - 3000)dx\right] \\
&= 1500
\end{aligned}$$

分散は次の通りである. $a = 1500$ とすれば

$$\begin{aligned}
V(X) &= \int_{\infty}^{\infty} x^2 f(x)dx - a^2 \\
&= \frac{1}{a^2}\left[\int_0^a x^3 dx - \int_a^{2a} x^2(x - 2a)dx\right] - a^2
\end{aligned}$$

[ ] の第 1, 第 2 項の積分をそれぞれ A, B とおけば

$$\begin{aligned}
A &= \int_0^a x^3 dx = \frac{1}{4}a^4 \\
B &= \int_a^{2a} x^2(x - 2a)dx = \left[\frac{1}{4}x^4 - \frac{2}{3}ax^3\right]_a^{2a} = -\frac{11}{12}a^4
\end{aligned}$$

ゆえに

$$V(X) = \frac{1}{a^2}[A-B] - a^2 = \frac{a^2}{6} = \frac{1500^2}{6}$$

例 **3.3.2.** 連続的確率変数 X の密度関数 $f(x)$ が閉区間 $[a,b]$ で定数 $1/(b-a)$ で与えられるとき，X は $[a,b]$ で一様分布にしたがうという．この X の期待値は

$$E(X) = \int_a^b \frac{x}{b-a}dx = \frac{a+b}{2}$$

である．分散は

$$V(X) = \int_a^b \frac{x^2}{(b-a)}dx - \left(\frac{a+b}{2}\right)^2 = \frac{(b-a)^2}{12}$$

である．

3.4 標本確率変数

まず最初に 2 つの確率変数 X, Y が独立であるということを定義しておこう．

任意の実数 a, b, c, d $(-\infty \le a < b \le \infty$, $-\infty \le c < d \le \infty$ に対して

$$P(\{a < X \le b\} \cap \{c < Y \le d\}) = P(a < X \le b)P(c < Y \le d)$$

であるとき，X, Y は互いに独立であるという．

すなわち，X（またはY）がいかなる実数を実現するかは，Y（X）の値の実現に影響しないことを意味する．一方の変数がいかなる値を実現したかの情報は他方の変数の実現に影響を与えないことを意味する．

一般に確率変数 X_1, X_2, $\cdots$, X_n が独立であるとは，任意のペア X_i, X_j が独立であることをいう．

いま仮にある工程で作られる薬品 1 錠当たりの重さを知るために，その工程から作られる薬品 n 錠をとり出し，それらを測定することを考える．これらの n 個のデータ

$$(*) \qquad x_1,\ x_2,\ \cdots,\ x_n$$

はその元になる母集団から偶然えられた標本である，と考える．これが従来になかった推測統計学の原理原則である．この場合の母集団 Σ というのは，次のようにいうこ

とができる．すなわち，もしそのような工程から作られる薬 1 錠当たりの重さを“可能なだけ測定したその測定値のすべての集合”である．これは，現実には存在しているのではない．かつまた，一般にはわれわれ人間には知りえないものである．特に無限回，無限個等の無限の言葉が入れば，われわれには知りえないものである．

たとえば，手元のあるサイコロを振って出る目を観測する試行を行っても，その母集団，すなわち，そのサイコロを可能なだけ振った目の分布は知ることができないはずである．

もし，母集団 Σ の状態がわれわれに知ることができるのであれば，推測統計学は不要となる．

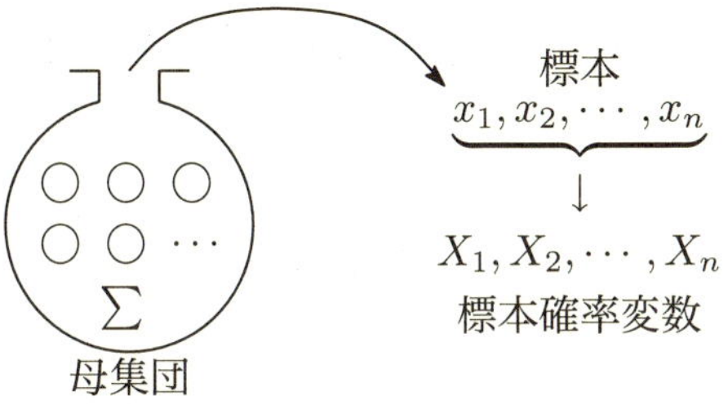

図 3.2　母集団と標本

このように，次のような原則 I を設定する．

原則 I ある目的のためにえられた測定値 (∗) はその背景に想定する母集団 Σ からの標本と考える．

次にこの測定値そのものは実験，観測を行う人が変われば，変わる．すなわち，上の事例で同じ実験，観測を別の人が行うとえられたデータは (∗) と異なり

$$(**) \qquad y_1,\ y_2,\ \cdots,\ y_n$$

をえるであろう．しかし，個々のデータは異なるもののこの (∗∗) も同じ母集団 Σ からの標本である．

そこで，個々の観測値 (∗)，(∗∗) の代わりにそれらのデータを表す変数

$$X_1, X_2,\ \cdots,\ X_n$$

を想定し，各データ $\{x_i,\ y_i\ (i = 1,\ 2,\ \cdots, n)\}$ はこの変数 X_n の実現値とみなす．したがって，各確率変数 X_i には同一の分布が対応し，異なる X_i，Xj が実現する事象

は互いに独立である．この同一分布性，独立性をもつ確率変数の組 $X_1,\ X_2,\ \cdots,\ X_n$ を標本確率変数という．この結果次の原則を設定する．

原則 II えられたデータ $x_1,\ x_2,\ \cdots,\ x_n$ は標本確率変数 $X_1,\ X_2, \cdots,\ X_n$ の実現値とみなす．この確率変数は同一分布性と独立性を満たしている．

このように実験，観測にはそれに対応する標本確率変数が対応するわけであるが，実際にはこれを 1 つにまとめるために，この標本確率変数の関数

$$Y = \varphi(X_1,\ X_2,\ \cdots,\ X_n)$$

を考える．これを統計量という．

例 **3.4.1.** 標本確率変数 $X_1,\ X_2,\ \cdots,\ X_n$ に対して統計量

$$\overline{X} = \frac{1}{n}(X_1 + X_2 + \ \cdots + X_n)$$
$$V = \frac{1}{n}\sum_{i=1}^{n}(X_i - \overline{X})^2$$
$$S = \sqrt{V}$$
$$U^2 = \frac{1}{n-1}\sum_{i=1}^{n}(X_i - \overline{X})^2$$

を平均値統計量，分散統計量，標準偏差統計量，不偏分散統計量という．((U^2) が不偏分散統計量といわれるのは，分散統計量 V に比べて，その不偏性

$$E(U^2) = \sigma^2, \quad (\sigma^2 \text{は母集団の分散})$$

を満たしているからである（第 11 章の推定論を参照)）．

これらの実現値を標本平均（値)，標本分散（値)，標本標準偏差（値)，標本不偏分散（値）といい，母集団の平均値（母平均)，分散（母分散)，標準偏差（母標準偏差）と区別する).
標本平均，標本分散はわれわれが知ることができるものであるが，母平均，母分散はわれわれにうかがい知れないのが一般的である．

統計量はそれ自身確率変数である．母集団が離散分布であれば，離散的確率変数であり，母集団が連続分布であれば，連続的確率変数である．したがって，統計量自体

はそれぞれの型の分布をもつ．ある仮説のもとで，この統計量 Y の分布を知ることが推測統計学の大きなテーマである．

果たして，その仮説 H_0 が正しいという下で，いかなる分布をもつか，つまり，Y の実現値としてはいかなる領域 W を実現しやすいか，逆にしにくいかを知ることができる．これで，推測統計学の目的は達せられる．

このような観点から，統計学を簡単に一言でいえば次のようになる．すなわち，

『ある仮説のもとである統計量の分布を知ること』

である．

4　離散確率分布

“何がいかなるの割合で”が与えられているものを分布という．“離散確率分布”とは，離散的確率変数に対応する確率密度関数のタイプによって定義されるものである．以下に述べる分布においては，その実現値の集合は 0 以上の整数の集合またはその部分集合に限定される．

以下に述べる離散確率分布の特質は，それぞれの整数自体が実現される確率をもっているということである．

この章では離散確率分布の代表的なものとして 2 項分布，ポアソン分布の基本的性質およびその応用について述べる．

4.1　2 項分布

定義 4.1. 確率変数 X の実現値が $\{0,\ 1,\ \cdots,\ n\}$ でその確率密度関数 $p(x)$ が

$$p(x) = P(X = x) = \binom{n}{x} p^x (1-p)^{n-x}, \quad x = 0,\ 1,\ \cdots,\ n$$

で与えられるとき，X は **2 項分布** $B(n,p)$ にしたがうといい，$X \sim B(n,x)$ で表す．

注 4.1.1. $\binom{n}{x}$ は n の要素からなる集合から x 個の要素からなる部分集合の作り方の総数で ${}_nC_x$ とも書かれる．その計算は

$$\binom{n}{x} = \frac{n!}{x!(n-x)!} = \frac{n(n-1)(n-2)\cdots(n-x+1)}{x!}$$

である．ただし，$0! = 1$ である．

注 4.1.2. “2 項分布”の名前の由来は“2 項定理”である．2 項定理によれば $(a+b)^n$ の展開は

$$(a+b)^n = \sum_{x=0}^{n} \binom{n}{x} a^x b^{n-x}$$

であるが，この展開式の $a = p,\ b = 1 - p$ と置き換えた右辺の第 $x+1$ 項が確率密度関数になっていることによる．

2 項分布 $B(n, p)$ とは，整数 $x,\ 0 \leq x \leq n$ が $p(x)$ の割合で入っている母集団の分布である．これは，0 から n の番号の打ってある球がある壺に入っているとして，その任意の番号 k の玉が $p(k)$ の割合で入っている壺の分布である．

それでは，この $p(x)$ は密度関数たる要件を満たしているであろうか．

注 4.1.3. $p(x)$ は次の条件を満たしている．

(1) $p(x) \geq 0 \quad x = 0, 1, \cdots, n;$

(2) $\sum_{x=0}^{n} p(x) = 1$

この (2) は注 4.1.2 の中のことより明らかである．

2 項分布にしたがう確率変数にはいかなるものがあるか．

このことについて次の定理がそれに答えている．

そのためにベルヌーイ試行について定義しておく．

実験，観測当の試行 $\mathcal{E}$ を繰り返し行う．ただし，この $\mathcal{E}$ が次の条件を満たすときベルヌーイ試行といわれる．

(1) $\mathcal{E}$ の結果はある事象 A が起こるか，起こらない，つまり A^c かのいずれかである．

(2) $\mathcal{E}$ の試行は各回独立な試行である．

(3) 各回において A の起こる確率 $P(A) = p$ は常に一定である．

例 4.1.1. いま手元にあるサイコロを n 回振る試行 $\mathcal{E}$ において，1 の目の出る回数を観測するとする．このとき，これは次のような理由でベルヌーイ試行である．

各回とも 1 の目が出る（A）かそうでない（A^c）かに関心があるから (1) の条件を満たしている．同一のサイコロを振っているわけであるから，各回とも 1 の目の出る確率 $p = P(A)$ は変化するわけではない．したがって，(3) は明らかに満たされる．

条件 (2) についてであるが，少し考慮を要する．一般に，サイコロを振った場合，その結果が次の試行に影響を与えるものではない．たとえば，10 回の試行までの結果が 11 回目の試行の結果に影響を与えないと考えるのが，自然であろう．なぜならば，サイコロは無意識物であるからである．よしんば，10 回まで全然 1 が出なかったにしても，そのことにより，11 回目の結果に影響を与えるものではない．

試行を行う人間の方が影響を受けることはあるかもしれない．あまり 1 の目が出ないと次に 1 の目が出やすく考えるタイプと，逆にこれだけ 1 が出なければ次も出ないであろうと考えるタイプの 2 通りがある．しかし，これをサイコロが読み取って反応するわけではない．かつまた，そのことに反応してわれわれの方が 1 の目を出やすく，あるいは出にくくサイコロを振ることはできない．前回までの結果に影響を受けて期待を膨らませたり，すぼませたりするのはわれわれの気持ち，すなわち，期待の度合いであって，そのことが，試行 $\mathcal{E}$ の結果に影響を与えるものではない．したがって，(2) の条件も満たされる．よって，試行 $\mathcal{E}$ はベルヌーイ試行である．

次にベルヌーイ試行でない場合の例を与える．

例 4.1.2. ハンマーで杭を打つ試行 $\mathcal{E}$ を考える．ハンマーで杭を n 回打って，杭に当たれば成功と呼び，A が起こったとする．当たらなければ，失敗である．したがって，結果は 2 通りであるから (1) は満たされる．人間が実際にこの行為をすれば，学習効果によって A が起こる確率は回数とともに増加することが考えられる．したがって，$p(A)$ は一定ではない．ゆえに，この試行はベルヌーイ試行ではない．

仮に，学習効果のない人を想像してみよう．その場合は (3) は満たされる．しかし，その人が前回までの結果に影響を受ければ，(2) は満たされない．たとえば，失敗ばかり続けたことにより，次に成功する確率，失敗する確率が動くようであれば，独立試行でないから (2) は満たされない．

いずれにしろ，普通の人間であれば，(2), (3) は満たされないとするのが常識である．よってこの試行はベルヌーイ試行とはいえない．

定理 4.1. n 回のベルヌーイ試行において A の起こる回数を X とすれば，$X \sim B(n, p)$ である．ただし，$p(A) = p$.

証明 ベルヌーイ試行において A が k 回起こったとする．試行の結果を A, A^c で表すことにすれば，n のボックスに k 個の A，$n-k$ 個の A^c を並べることになる．この並べ方は，$\binom{n}{k}$ 通りある．その中の 1 つのサンプルを次のようにおく．

$$\overbrace{A\ A\ A^c\ A\ A\ A^c \cdots A\ A^c\ A}^{A\cdots k,\ A^c\cdots n-k}$$

その確率はベルヌーイ試行の独立性より

$$\begin{aligned} p(A\ A\ A^c\ A\ A\ A^c \cdots A\ A^c\ A) &= p(A)^k p(A^c)^{n-k} \\ &= p^k(1-p)^{n-k} \end{aligned}$$

で表される．この確率をもつのが $\binom{n}{k}$ 個あるから

$$P(X=k) = \binom{n}{k} p^k(1-p)^{n-k}$$

をえる．

ここでいくつかの 2 項分布の例を与える．

例 4.1.3. (誕生日の問題) 20 人のグループの中にある特定な日，たとえば元旦を誕生日とする人の数を X とすれば，X は 2 項分布 $B(20, 1/365)$ にしたがう．すなわち，$X \sim B(20, 1/365)$ である．ただし，この場合次の条件を仮定している．すなわち，個人の誕生日は，1 年 365 日のいずれかに均等に選ばれるということ，および，その 20 人のグループはランダムに選ばれているということである．後半の仮定は，たとえば，ある特定の日を避けた誕生日の傾向であるというような作為がないということである．

このような条件で X の密度関数は

$$P(X=x) = \binom{20}{x}\left(\frac{1}{365}\right)^x \left(\frac{364}{365}\right)^{20-x} \qquad x = 0, 1, \cdots, 20$$

で与えられる．

このとき次の確率を求めてみる．

(1) 20 人中少なくとも 1 人は元旦の人がいる確率

この確率を式で書くと $P(X \geq 1)$ であるが，しばしば“少なくとも”の確率の場合は

その否定の確率を求めることが有効である．実際

$$\begin{aligned}P(X \geq 1) &= 1 - P(X = 0)\\ &= 1 - \left(\frac{364}{365}\right)^{20}\\ &= 0.053\end{aligned}$$

(2) 20 人中高々半数が元旦である確率

$$P(X \leq 10) = \sum_{x=0}^{10} \binom{20}{x} \left(\frac{1}{365}\right)^{x} \left(\frac{364}{365}\right)^{20-x}$$

例 **4.1.4.** （品質管理） 工程不良率（生産工程で作られた製品中の不良品の出る割合）p の工程で作られる製品 n 個をとり出しこの中の不良品の個数を Y とおけば，$Y \sim B(n,p)$ である．すなわち，

$$P(Y = y) = \binom{n}{y} p^y (1-p)^{n-y}, \quad y = 0, 1, \cdots, n.$$

いま，$p = 0.03$, $n = 10$ とすれば，この確率は

$$P(Y = y) = \binom{10}{y} 0.03^y 0.97^{10-y}, \quad y = 0, 1, \cdots, 10.$$

この確率を実際に計算すれば，表 4.3 のようになる．

y	0	1	2	3	≥4
$P(Y = y)$	0.737424	0.228069	0.031742	0.002618	0.000147

表 4.1 工程不良率

ここで注意しなければならないことは，工程不良率は時間とともに刻々変化するということである．生産者とすれば，不良品の割合が高くなると困るので，工程不良率を一定限度以下に抑えておきたい．いま仮に工程不良率を 0.03 以下に抑えたいとしておく．

そこで，仮説 H_0 を

$$H_0:\ p \leq 0.03$$

とおく，ここで p は現在の工程不良率である．過去のでなく，将来のでもなくである．もしこの仮説が正しければ，表 4.1 により，10 個中の不良品の個数が 2 個以上である確率は

$$P(Y \geq 2) \leq 0.031742 + 0.002618 + 0.000147 = 0.034507$$

である（$P(Y=y)$ は p の増加関数であることに注意）．

これを解釈すれば以下のようになる．

もし仮説 H_0 が正しければ，このように 10 個中の不良品の個数が 2 以上になることは，めったに起こらないことである（つまりここで，確率 0.034507 以下の事象をほとんど起こらないとみなす）．

したがって，(A):もし実際に 2 個以上が観測されたら，このような仮説 H_0 は否定しなければならない．すなわち，現在の工程不良率は 0.03 を超えていると判断して，何らかのアクションをとらなければならない．たとえば，生産工程中のどこかに異常がないかどうかをチェックしたり，点検したりしなければならない．

逆に，(B):もし 0 個か 1 個であれば，仮説のもとで起こりやすいことが起こったことになるから，H_0 は受け入れて，肯定は従来通りであると判断する．すなわち，アクションはとらない．

ここで読者は，最初の章で述べたことが本質的に繰り返されていることに気付くであろう．

さて，このような手順にしたがって，工程を管理のアクションをとるかどうかの目安を設定することになる．

しかし，(A), (B) のいずれの場合も誤りを含んでいることに注意しなければならない．(A) の場合，工程不良率は 0.03 を超えていると判断して，工程のというアクションをとるのであるが，工程不良率は従来のままであるかもしれない．なぜならば，われわれのアクションは工程不良率の真の値を知らずしてとっているからである．そして工程不良率の真の値はわれわれにはうかがい知りえないものである．

その確率は，0.034507 以下である．したがって，1000 回中 2，3 回くらいはこのような誤りをおかすことになる．

(B) の場合，従来通りと判断してアクションをとらないのであるが，これにも誤りがある．実際は工程不良率が 0.03 を超えているにもかかわらず，これに対して何らのアクションをとらないという誤りである．しかし，この確率は p の真の値がわからないので，わからない．

以上のような基準にしたがって，工程不良率の管理を行うことになる．

この例が示すように，完全なる，無駄のない，誤りのない管理はありえないということである．これは，工程から生産される製品の一部で，全体から規定される不良率 p を推測，推定しているところに，原因がある．しかし，これが統計学の真髄でもある．

定理 4.2. $X \sim B(n,p) \Longrightarrow E(X) = np,\ V(X) = np(1-p)$

証明

$$
\begin{aligned}
E(X) &= \sum_{x=0}^{n} x \binom{n}{x} p^x (1-p)^{n-x} \\
&= \sum_{x=1}^{n} x \frac{n!}{x!(n-x)!} p^x (1-p)^{n-x} \\
&= \sum_{x=1}^{n} \frac{n!}{(x-1)!(n-x)!} p^x (1-p)^{n-x} \\
&= np \sum_{x=1}^{n} \frac{(n-1)!}{(x-1)!((n-1)-(x-1))!} p^{x-1} (1-p)^{(n-1)-(x-1)}
\end{aligned}
$$

$(x-1=y$ とおく$)$

$$
\begin{aligned}
&= np \sum_{y=0}^{n-1} \frac{(n-1)!}{y!((n-1)-y)!} p^y (1-p)^{(n-1)-y} \\
&= np(p+1-p)^{n-1} \\
&= np
\end{aligned}
$$

$$\begin{aligned} V(X) &= \sum_{x=0}^{n} x^2 p(x) - E(X)^2 = \sum_{x=0}^{n} x^2 p(x) - n^2 p^2 \\ &= \sum_{x=0}^{n} x(x-1)p(x) + \sum_{x=0}^{n} xp(x) - n^2 p^2 \\ &= \sum_{x=0}^{n} x(x-1)p(x) + np - n^2 p^2 \end{aligned}$$

この式の右辺の第 1 項を別個計算する．

$$\begin{aligned} \sum_{x=0}^{n} x(x-1)p(x) &= \sum_{x=0}^{n} x(x-1)\frac{n!}{x!(n-x)!}p^x(1-p)^{n-x} \\ &= \sum_{x=2}^{n} \frac{n!}{(x-2)!(n-x)!}p^x(1-p)^{n-x} \\ &= n(n-1)p^2 \sum_{x=2}^{n} \frac{(n-2)!}{(x-2)!((n-2)-(x-2))!}p^{x-2}(1-p)^{(n-2)-(x-2)} \\ &(x-2=y \text{ とおく}) \\ &= n(n-1)p^2 \sum_{y=0}^{n-2} \frac{(n-2)!}{y!((n-2)-y)!}p^y(1-p)^{n-2-y} \\ &= n(n-1)p^2(p+1-p)^{n-2} \\ &= n(n-1)p^2 \end{aligned}$$

これより

$$\begin{aligned} V(X) &= n(n-1)p^2 + np - n^2p^2 \\ &= n^2p^2 - np^2 + np - n^2p^2 = np(1-p) \end{aligned}$$

4.2 多項分布

ベルヌーイ試行の結果は A または A^c の 2 通りであった．これが 2 項分布の "2" の由来である．ここでは 2 項分布の一般化としての多項分布について触れておく．これを確率分布として使用することはない．ただ，2 度だけ証明の中で使われるだけである．

試行 $\mathcal{E}$ の結果起こりえる事象を互いに排反な A_1, A_2, $\cdots$, A_k とする，すなわち，A_i は次を満たしている．

$$\Omega = \bigcup_{i=1}^{k} A_i, \quad A_i \cap A_j = \emptyset \ (i \neq j)$$

このような試行 $\mathcal{E}$ を独立に n 回行うとし，各回とも A_i の起こる確率 $p_i = P(A_i)$ は同じであるとする．このとき，各 i に対して確率変数 X_i をこの n 回の試行中の A_i の度数であるとする．以上から

$$\sum_{i=1}^{k} X_i = n, \quad \sum_{i=1}^{k} p_i = 1$$

である．このような条件のもとで次の定理が成り立つ．

定理 4.3. X_1, X_2, $\cdots$, X_n を上で定義したものとすれば，次をえる．

$$P(X_1 = n_1,\ X_2 = n_2,\ \cdots,\ X_k = n_k) = \frac{n!}{n_1!n_2!\cdots n_k!} p_1^{n_1} \cdots p_k^{n_k},$$

ここで $\sum_{i=1}^{k} n_i = n$ である．

証明 n 回の試行で A_1, A_2, $\cdots$, A_k が n_1, n_2, $\cdots$, n_k 回えられる方法は，

$$\frac{n!}{n_1!n_2!\cdots n_k!}$$

通りである．試行が独立であるからそのおのおのに対して確率は，

$$p_1^{n_1} p_2^{n_2} \cdots p_k^{n_k}$$

だけ与えられる．よって，確率はこの積として求められる．

この X_1, X_2, $\cdots$, X_k の分布を多項分布という．

注 4.2.1. $k = 2$ の場合が 2 項分布である．2 項分布の密度関数がが 2 項定理からきているように，多項分布も

$$(p_1 + p_2 + \cdots + p_k)^n = 1$$

の展開からきている．

例 **4.2.1.** 適当な長さのロッドを生産する工程がある．これまでのデータから生産されるロッドの長さ X は次の確率をもつことがわかっている．

$$P(X < 10.5) = 0.25, \quad P((10.5 \leq X \leq 11.8) = 0.65, \quad P(X > 11.8) = 0.1$$

もし 10 本作ったとき $\{X < 10.5\}$ と $\{10.5 \leq X \leq 11.8\}$ がちょうど 5 本と 3 本である確率を求めよ．

解答

確率は

$$\frac{10!}{5!3!2!}(0.25)^5(0.65)^3(0.1)^2$$

である．

4.3 ポアソン分布

定義 **4.2.** 離散的確率変数 X の実現値が 0 以上の整数でその確率が

$$p(x) = P(X = x) = e^{-\lambda}\frac{\lambda^x}{x!} \qquad x = 0, 1, \cdots$$

で与えられるとき，X はポアソン分布 $P(\lambda)$ にしたがうといい，$X \sim P(\lambda)$ と書く．

ポアソン分布が想定される母集団の例

例 **4.3.1.** （ロンドンの爆撃の例）表 4.3 は第 2 次世界大戦中ロンドン市の飛行機による爆撃の状況を表すものである．全地域は面積 $1/4km^2$ の $N = 576$ 区画に分けられている．表中 N_k $(k = 1, 2, \cdots)$ はちょうど k 個の爆弾が命中した区画数を表す．落ちてきた爆弾の総数 T は

$$T = \sum kN_k = 537$$

である．したがって，1 区画当たり平均すれば，

$$\hat{\lambda} = \frac{T}{N} \doteqdot 0.9323$$

である．これにポアソン分布 $P(\lambda)$ を当てはめてみよう．この λ の真の値は知られないので，推定する以外にはない．後の推定論にしたがえば，λ の推定値としては $\hat{\lambda}$ で行うことが最良であることがわかっている．そこで

$$\lambda = 0.9323$$

とする．このとき，1 区画に X 個の爆弾が命中する確率は

$$P(X = k) = e^{-0.9323}\frac{0.9323^k}{k!}, \quad k = 0, 1, \cdots$$

で与えられる．もしこの見込みが正しいならば，その期待度数は

$$NP(X = k)$$

で計算される．表 4.3.1 の下段がそれを表している．

実際に観測された度数といわば理論上の期待度数を見比べてみて，よく適合しているといえるか，さもなくば適合していないというべきか．これは，客観的に検定しなければならない（13.1 節の適合度の検定をみよ）．しかし，χ^2-検定によれば，極めて適合していることがわかるであろう．

k	0	1	2	3	4	≥ 5
N_k	229	211	93	35	7	1
期待度数	226.74	211.39	98.54	30.62	7.14	1.57

表 4.2 ロンドン爆撃

次の証明には自然対数の底 e の定義を使うのでここで与えておく．

数列

$$a_n = \left(1 + \frac{1}{n}\right)^n, \quad n \in \mathbb{N}$$

は収束することがわかっているので，この極限値を

$$e = \lim_{n \to \pm\infty}\left(1 + \frac{1}{n}\right)^n$$

と表すことにする．この数はもちろん実数であるが，無理数である．かついかなる代数方程式の根にもなりえないものである，すなわち，超越数である．これに似た実数に円周率 π がある．近似値は $2.7\cdots$ で任意の小数点の位まで求めることがわかっている．

ポアソン分布の密度関数の処理のためには指数関数 e^x のマクローリン展開を使う．

$$(*)\qquad \begin{aligned} e^x &= \sum_{n=0}^{\infty} \frac{x^n}{n!} \\ &= 1 + x + \frac{x^2}{2!} + \frac{x^3}{3!} + \ \cdots \ + \frac{x^n}{n!} + \ \cdots \end{aligned}$$

この式の x に λ を代入して両辺を e^λ で割れば．

定理 4.4. ポアソン分布 $P(\lambda)$ の密度関数について次がいえる．

(1) $e^x \frac{\lambda^x}{x!} \geq 0 \quad x = 0, \quad 1,\ 2,\ \cdots\ ;$

(2) $\sum_{x=0}^{\infty} e^{-\lambda} \frac{\lambda^x}{x!} = 1.$

定理 4.5. $X \sim P(\lambda) \Longrightarrow E(X) = V(X) = \lambda.$

証明 (1)

$$\begin{aligned} E(X) &= \sum_{x=0}^{\infty} x e^{-\lambda} \frac{\lambda^x}{x!} = \sum_{x=1}^{\infty} x e^{-\lambda} \frac{\lambda^x}{x!} \\ &= \sum_{x=1}^{\infty} \frac{e^{-\lambda}\lambda^x}{(x-1)!} = \lambda \sum_{x=1}^{\infty} \frac{e^{-\lambda}\lambda^{x-1}}{(x-1)!} \\ &= \lambda \sum_{y=0}^{\infty} \frac{e^{-\lambda}\lambda^y}{y!} \quad (x-1=y) \\ &= \lambda \end{aligned}$$

(2) 2 項分布の場合と同様にして

$$V(X) = \sum_{x=0}^{\infty} x(x-1)p(x) + E(X) - E(X)^2$$

右辺の第 1 項を上の $E(X)$ と同じく計算すると

$$\sum_{x=0}^{\infty} x(x-1)p(x) = \lambda^2$$

となる．よって

$$V(X) = \lambda^2 + \lambda - \lambda^2 = \lambda$$

をえる．

定理 4.6. *2*項分布 $B(n,p)$ は $np = \lambda$ を一定として n を無限大にすれば，ポアソン分布 $P(\lambda)$ に近づく．

証明 $\lambda = np$ で $n \to \infty$ のとき，2 項分布の密度関数

$$p(x) = \binom{n}{x} p^x (1-p)^{n-x} \longrightarrow e^{-\lambda}\frac{\lambda^x}{x!}$$

であることを示せばよい．$p = \lambda/n$ をこれに代入すると次をえる．

$$\begin{aligned}
p(x) &= \frac{n(n-1)(n-2)\cdots(n-x+1)}{x!} p^x (1-p)^{n-x} \\
&= \frac{n(n-1)(n-2)\cdots(n-x+1)}{x!} \left(\frac{\lambda}{n}\right)^x \left(\frac{n-\lambda}{n}\right)^{n-x} \\
&= \frac{\lambda^x}{x!}\left[\left(1-\frac{1}{n}\right)\left(1-\frac{2}{n}\right)\cdots\left(1-\frac{x-1}{n}\right)\right]\left(1-\frac{\lambda}{n}\right)^{n-x} \\
&= \frac{\lambda^x}{x!}\left[\left(1-\frac{1}{n}\right)\left(1-\frac{2}{n}\right)\cdots\left(1-\frac{x-1}{n}\right)\right]\left(1-\frac{\lambda}{n}\right)^{n}\left(1-\frac{\lambda}{n}\right)^{-x}
\end{aligned}$$

ここで λ を一定にして $n \to \infty$ にすれば

$$\left(1-\frac{\lambda}{n}\right)^{-x} \longrightarrow 1$$

となる．一方

$$\left(1-\frac{\lambda}{n}\right)^{n} = \left[\left(1-\frac{1}{\frac{n}{\lambda}}\right)^{\frac{n}{\lambda}}\right]^{\lambda}$$

の $[\cdots]$ 部分は $n/\lambda = -m$ とおけば

$$\begin{aligned}
\left(1-\frac{1}{\frac{n}{\lambda}}\right)^{\frac{n}{\lambda}} &= \left(1+\frac{1}{m}\right)^{-m} \\
&= \left[\left(1+\frac{1}{m}\right)^{m}\right]^{-1} \longrightarrow e^{-1}
\end{aligned}$$

となる．これより

$$\lim_{n\to\infty}\binom{n}{x} p^x (1-p)^{n-x} = e^{-\lambda}\frac{\lambda^x}{x!}$$

をえることができる．

注 4.3.1. この定理によりポアソン分布は次のような場合に適用されることがわかる．すなわち，1つひとつの個体を考えた場合あることの起こる確率 p は低いが，これら個体が数多くあるために（n が大であるために），1個，2個，3個と目に見えた数として生起するような事象はポアソン分布が想定される．たとえば，交通事故のような場合である．ある市の1台の車が交通事故にあう確率はきわめて低い．しかし，その市にある車の台数が多いために交通事故が1件，2件と0以上の整数として起こるから，その市の交通事故件数 X はポアソン分布にしたがうと考えられる．

実際にこの近似を使う場合，一般に $n \geq 100$, $np \leq 5$ のとき有効であることがわかっている．

例 4.3.2. $n = 100$ 人中10月1日を誕生日とする人の数 X はポアソン分布にしたがうとしてよいか．

解答

例 4.1.3 により $X \sim B(n, p)$ である．ただし，$n = 100$, $p = 1/365$ この場合 n が大で p が0に近いから上の定理から $X \sim P(0.27)$ が想定される．

4.4 離散分布の再帰性

独立な離散的確率変数 X, Y の和 $Z = X + Y$ が再び同じ分布にしたがうとき，この分布は再帰性（recursive property）をもつという．

2項分布の再帰性を示すために次の準備をする．

補助定理 4.4.1. 任意の自然数 n_1, n_2, z に対して

$$\sum_{x=0}^{z} \binom{n_1}{x} \binom{n_2}{z-x} = \binom{n_1 + n_2}{z}$$

が成立する．

証明　2項定理により $(a+1)^{n_i}$ $(i = 1,\ 2)$ の展開は

$$(a+1)^{n_1} = \sum_{x=0}^{n_1} \binom{n_1}{x} a^x, \quad (a+1)^{n_2} = \sum_{x=0}^{n_2} \binom{n_2}{y} a^y$$

で与えられる．両辺をそれぞれ掛けると次がえられる．

$$
\begin{aligned}
(a+1)^{n_1+n_2} &= \left(\sum_{x=0}^{n_1}\binom{n_1}{x}a^x\right)\left(\sum_{x=0}^{n_2}\binom{n_2}{y}a^y\right)\\
&= \sum_{z=0}^{n_1+n_2}\binom{n_1+n_2}{z}a^z
\end{aligned}
$$

この両辺の a^z の係数を比較すれば，証明すべき等式がえられる．

定理 4.7. （*2* 項分布の再帰性）X, Y を独立で $X \sim b(n_1, p)$, $Y \sim B(n_2, p)$ である確率変数とする．このとき $Z = X + Y \sim B(n_1 + n_2, p)$ である．

証明　Z の密度関数が 2 項分布 $B(n_1 + n_2, p)$ のそれに一致することを示せばよい．z を 0 から $n_1 + n_2$ の整数とする．このとき

$$
P(Z=z) = \sum_{z=x+y} P(X=x,\ Y=y),
$$

ここで x, y は 0 から z 間の整数である．X, Y は独立であるから

$$
\begin{aligned}
P(Z=z) &= \sum_{x+y=z} P(X=x)P(Y=y)\\
&= \sum_{x+y=z}\binom{n_1}{x}p^x(1-p)^{n_1-x}\binom{n_2}{y}p^y(1-p)^{n_2-y}\\
&= \left(\sum_{x+y=z}\binom{n_1}{x}\binom{n_2}{y}\right)p^z(1-p)^{n_1+n_2-z}
\end{aligned}
$$

ここで補助定理 4.4.1 を使えば

$$
P(Z=z) = \binom{n_1+n_2}{z}p^z(1-p)^{n_1+n_2-z}
$$

となる．

系 4.1. X_1, X_2, $\cdots$, X_k を互いに独立で $X_i \sim B(n_i, p)$, $(i = 1,\ 2,\ \cdots,\ n)$ であると仮定する．このとき

$$
Z = \sum_{i=1}^{k} X_i \sim B(\sum_{i=1}^{k} n_i, p)
$$

である．

定義 4.3. $B(1,p)$ を特に $(0,1)$-分布という．すなわち，0，1 がそれぞれ確率 p，$1-p$ で分布している母集団のことである．

系 **4.2.** X_1，X_2，$\cdots$，X_n を互いに独立で $(0,1)$-分布にしたがう確率変数とすると

$$Z = \sum_{i=1}^{k} X_i \sim B(n,p)$$

である．

注 **4.4.1.** この系のような確率変数 X_1，$\cdots$，X_n はベルヌーイ試行の結果を表している．したがってこの系は定理 4.1 の別の表現である．

例 **4.4.1.** サイコロを最初 A 氏が 10 回振ったときの 1 の目の出る回数を X で表し，続いて 20 回 B 氏が振ったときの 1 の目の出る回数を Y で表す．このとき $X \sim B(10,p)$, $Y \sim B(20,p)$ である．ただし，p は 1 の目の出る確率である．この 2 人の試行は独立な試行であるから，X, Y は独立である．ゆえに $X+Y \sim B(30,p)$ である．

系 **4.3.** X_1，X_2，$\cdots$，X_n を互いに独立で $B(n,p)$ にしたがう確率変数とすれば，平均値統計量 $\overline{X}$ について $E(\overline{X}) = p$，$V(\overline{X}) = p(1-p)/n$ である．

証明　定理 6.2 から明らかである．

応用　p の点推定

X_1，X_2，$\cdots$，X_n を互いに独立で $B(1,p)$ にしたがう確率変数とする．このとき

$$X = \sum_{i=1}^{n} X_i \sim B(n,p)$$

であるから，系 4.3 により $E(\overline{X}) = p$ である．これらの実現値 x_1，x_2，$\cdots$，x_n がえられたとき，p の推定値 $\hat{p}$ として $\overline{x}$ を用いれば，p の不偏推定値がえられる．さらに，後の例 11.2.1 により最小分散性を満たしていることがわかるので，これが最良な推定値である．

定理 4.8. （ポアソン分布の再帰性）X, Y を独立で $X \sim P(\lambda_1)$, $Y \sim P(\lambda_2)$ である確率変数とする．このとき $Z = X+Y \sim P(\lambda_1+\lambda_2)$ である．

証明 Z の密度関数を調べるために $P(Z=z)$ を求める．X, Y が独立であるから

$$
\begin{aligned}
P(Z=z) &= \sum_{x+y=z} P(X=x)P(Y=y) \\
&= \sum_{x+y=z} \left(e^{-\lambda_1}\frac{(\lambda_1)^x}{x!}\right)\left(e^{-\lambda_2}\frac{(\lambda_2)^y}{y!}\right) \\
&= e^{-(\lambda_1+\lambda_2)} \sum_{x+y=z} \frac{{\lambda_1}^x{\lambda_2}^y}{x!y!} \\
&= \frac{e^{-(\lambda_1+\lambda_2)}}{z!} \sum_{x+y=z} {\lambda_1}^x{\lambda_2}^y \frac{z!}{x!y!} \\
&= \frac{e^{-(\lambda_1+\lambda_2)}}{z!} \sum_{x+y=z} \binom{z}{x} {\lambda_1}^x{\lambda_2}^y \\
&= \frac{e^{-(\lambda_1+\lambda_2)}}{z!}(\lambda_1+\lambda_2)^z \quad \text{(2 項定理により)}
\end{aligned}
$$

例 **4.4.2.** A，B，C 市の 1 日当たりの交通事故件数 X, Y, Z はそれぞれポアソン分布 $P(0.2)$，$P(0.3)$，$P(0.5)$ にしたがうことが過去のデータから知られているとする．もし，3 市の交通事故が独立に起これば，3 市合わせた事故件数 $T=X+Y+Z$ はポアソン分布 $P(1.0)$ にしたがう．このとき，

(1) 3 市合わせた事故件数が少なくとも 1 件以上である確率は

$$
\begin{aligned}
P(T \geq 1) &= 1 - P(T=0) = 1 - e^{-1}\frac{1^1}{0!} \\
&= 1 - e^{-1} = 1 - 0.3679 \\
&= 0.6321
\end{aligned}
$$

(2) 3 市の合計が 2 件以下である日は 1 年で何日と予定されるか．
その確率は

$$
\begin{aligned}
P(T=0,\ 1,\ 2) &= P(T=0) + P(T=1) + P(T=2) \\
&= 0.3679 + 0.3679 + 0.1839 = 0.9197
\end{aligned}
$$

であるから，予定される日数は

$$365 \times P(T=0,\ 1,\ 2) = 336 \text{ 日}$$

(3) もし仮説 H_0: 3 市の交通事故が従来通り，が正しければ，ポアソン分布表から

$$P(T \geq 4) = 0.019, \quad P(T \geq 5) = 0.0803$$

である．よって 1 日の合計が 4 件以上であれば，仮説のもとで極めてまれな事態が起こったことになるので，仮説 H_0 は否定される．その結果，従来の事故件数よりも上がっていると判断して何らかの対策をとることになるであろう．ただし，この際の危険率は 0.019 である．

もし，3 市が毎日の交通事故に対して共同のとり組みがあるならば，独立性が損なわれる恐れがある．たとえば，その日の交通事故に応じてさらなる交通事故が起こらないよう広報活動を行う場合である．これは A 市の事故が他の死に影響を与えることになるから X, Y, Z は独立にはならない．

系 4.4. $X_1, X_2, \cdots, X_n$ を $X_i \sim P(\lambda_i)$ からの標本確率変数とすれば

$$\sum_{i=1}^{n} X_i \sim P(\sum_{i=1}^{n} \lambda_i)$$

である．

証明　標本確率変数の独立性と $X_i \sim P(\lambda)$ $(i = 1, 2, \cdots, n)$ から明らかである．

系 4.5. $X_1, X_2, \cdots, X_n$ を互いに独立で，$P(\lambda)$ にしたがう確率変数とすれば，平均値統計量 $\overline{X}$ の期待値，分散は

$$E(\overline{X}) = \lambda, \quad V(\overline{X}) = \frac{\lambda}{n}$$

である．

応用　λ の点推定

ポアソン分布 $P(\lambda)$ からの標本確率変数 $X_1, X_2, \cdots, X_n$ が与えられたとき，系 4.5 により，

$$E(\overline{X}) = \lambda, \quad V(\overline{X}) = \frac{\lambda}{n}$$

である．このことから，その実現値 $x_1, x_2, \cdots, x_n$ に対して λ の推定値 $\hat{\lambda}$ を $\overline{x}$ で与えることにすれば，不偏推定値がえられる．点推定論の例 11.2.2 ところで述べるよう

に，$\overline{X}$ はそのような λ の不偏推定量の中で最小分散性を満たしていることがわかる．すなわち，もっとも良い推定量である．

以下に，この点推定量を用いた例を挙げる．

例 **4.4.3.** （Bortkiewitz の例）表 4.3 は 1875 年から 1894 年の 20 年間にプロシアの陸軍で毎年馬に蹴られて死亡した兵士の数 X を 200 部隊について調べた結果である．

x	0	1	2	3	4	計
観測度数	109	65	22	3	1	200

表 4.3 Bortkiewitz 観測度数

x	0	1	2	3	4	計
$P(X=x)$	0.5433	0.3314	0.1010	0.0205	0.0038	1
理論度数	109	66	20	4	1	

表 4.4 理論度数

X_1，X_2，$\cdots$，X_{200} をポアソン分布 $P(\lambda)$ からの標本確率変数であることが想定されるのは，2 項分布のポアソン近似（定理 4.6）で述べた理由による．すなわち，1 軍団を構成する兵士の数 n が大きいし，1 人の兵士が馬に蹴られて死亡する確率 p は 0 に近いからである．

この場合母集団の係数，すなわち，母係数 λ を推定するのに平均値統計量で行うことを上に述べたから，その実現値を求めると

$$\begin{aligned}\overline{X} &= \frac{0\times 109+1\times 65+2\times 22+3\times 3+4\times 1}{200}\\ &= 0.61\end{aligned}$$

である．よって λ の推定値は $\hat{\lambda}=0.61$ とする．すなわち，母集団の分布は $P(0.61)$ を想定することになる．このとき死亡者が x 人である軍団の理論度数（期待度数）は

$$200\times e^{-0.61}\frac{0.61^x}{x!} \quad x=0,\ 1m\ 2,\ \cdots$$

である．これを計算すれば表 4.4 の通りとなる．

これに適合度検定を行うとその適合度は 0.975 以上である，つまり良く適合していることが見てとれる（適合度の検定については 12.1 節を見よ）．

5　連続的確率分布

5.1　正規分布

定義 5.1. 連続的確率変数 X の密度関数 $f(x)$ が次で与えられるとき

$$f(x) = \frac{1}{\sqrt{2\pi}\sigma} e^{-\frac{(x-\mu)^2}{2\sigma^2}}, \quad x \in \mathbb{R}$$

X は正規分布 $N(\mu, \sigma^2)$ にしたがうといい，$X \sim N(\mu, \sigma^2)$ で表す．

特に $\mu = 0$, $\sigma = 1$ のとき $N(0, 1)$ を基準正規分布という．基準正規分布にしたがう Z の密度関数は

$$\varphi(z) = \frac{1}{\sqrt{2\pi}} e^{-\frac{z^2}{2}}$$

で与えられる．

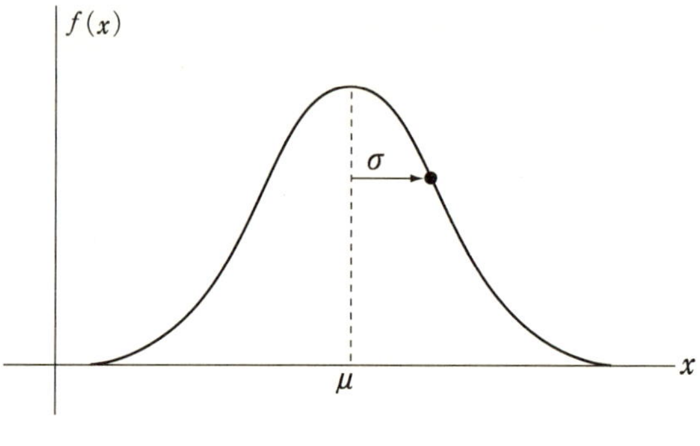

図 5.1　正規分布

注 5.1.1. $X \sim N(\mu, \sigma^2)$ ならば任意の a, $b \in \mathbb{R}$ について

$$P(a < X \leq b) = \int_a^b \frac{1}{\sqrt{2\pi}\sigma} e^{-\frac{(x-\mu)^2}{2\sigma^2}} dx$$

で与えられる．

注 5.1.2. 正規分布の密度関数 $f(x)$ は図 5.1 の通りであるが，次の性質がある．

(1) $y = f(x)$ は $x = \mu$ に関して対称である．$x \leq \mu$ で $f(x)$ は単調増加であり，$x \geq \mu$ で単調減少である．

(2) $x = \mu$ で $f(x)$ は極大であり，$x = \mu \pm \sigma$ で変極点をもつ．

(3) $f(x) \geq 0 \quad x \in \mathbb{R}$.

(4) $\int_{-\infty}^{\infty} f(x)dx = 1$.

ここで (4) の証明を与えておく．ただし，$\int_{-\infty}^{\infty} e^{-y^2}dy = \sqrt{\pi}$ は既知とする．その証明は 2 重積分の演習問題である．

証明　$\frac{x-\mu}{\sqrt{2}\sigma} = y$ とおけば，$dy = \frac{dx}{\sqrt{2}\sigma}$ であるから

$$\begin{aligned}\int_{-\infty}^{\infty} \frac{1}{\sqrt{2\pi}\sigma} e^{-\frac{(x-\mu)^2}{2\sigma^2}} dx &= \int_{-\infty}^{\infty} \frac{1}{\sqrt{2\pi}\sigma} e^{-y^2} \sqrt{2}\sigma dy \\ &= \frac{1}{\sqrt{\pi}} \int_{-\infty}^{\infty} e^{-y^2} dy \\ &= \frac{1}{\sqrt{\pi}} \sqrt{\pi} = 1\end{aligned}$$

定理 5.1. $X \sim N(\mu, \sigma^2) \Longrightarrow E(X) = \mu, \quad V(X) = \sigma^2$

証明

$$\begin{aligned}E(X) &= \int_{-\infty}^{\infty} x \frac{1}{\sqrt{2\pi}\sigma} e^{-\frac{(x-\mu)^2}{2\sigma^2}} dx \\ &= \int_{-\infty}^{\infty} (x-\mu) \frac{1}{\sqrt{2\pi}\sigma} e^{-\frac{(x-\mu)^2}{2\sigma^2}} dx + \mu \int_{-\infty}^{\infty} \frac{1}{\sqrt{2\pi}\sigma} e^{-\frac{(x-\mu)^2}{2\sigma^2}} dx\end{aligned}$$

右辺の第 1 項を計算するために $x - \mu = y$ と変換すれば

$$\int_{-\infty}^{\infty} (x-\mu) \frac{1}{\sqrt{2\pi}\sigma} e^{-\frac{(x-\mu)^2}{2\sigma^2}} dx = \int_{-\infty}^{\infty} y \frac{1}{\sqrt{2\pi}\sigma} e^{-\frac{y^2}{2\sigma^2}} dy$$

となるが，この被積分関数は奇関数であるから，その積分の値は 0 である．また第 2 項は上の注意の (4) により μ である．すなわち，$E(X) = \mu$ をえる．

$$V(X) = \int_{-\infty}^{\infty} (x-\mu)^2 \frac{1}{\sqrt{2\pi}\sigma} e^{-\frac{(x-\mu)^2}{2\sigma^2}}$$

ここで $x-\mu/\sqrt{2}\sigma=y$ と置き換えて

$$\begin{aligned}
V(X) &= \int_{-\infty}^{\infty} 2y^2\sigma^2 \frac{1}{\sqrt{2\pi}\sigma} e^{-y^2}\sqrt{2}\sigma dy \\
&= \frac{2\sigma^2}{\sqrt{\pi}} \int_{-\infty}^{\infty} y^2 e^{-y^2} dy \\
&= \frac{\sigma^2}{\sqrt{\pi}} \left(\left[-ye^{-y^2} \right]_{-\infty}^{\infty} + \int_{-\infty}^{\infty} e^{-y^2} dy \right) \\
&= \frac{\sigma^2}{\sqrt{\pi}} \sqrt{\pi} = \sigma^2
\end{aligned}$$

系 **5.1.** $Z \sim N(0,1) \Longrightarrow E(Z)=0, \quad V(Z)=1$

定理 **5.2.** $X \sim N(\mu,\sigma^2),\ Y=aX+b\ (a \neq 0) \Longrightarrow Y \sim N(a\mu+b, a^2\sigma^2)$

証明　$a>0$ と仮定して証明する（$a<0$ の場合も同様である）．任意の実数 y_1, y_2 ($y_1 < y_2$) に対して

$$\begin{aligned}
P(y_1 < Y \leq y_2) &= P\left(\frac{y_1-b}{a} < X \leq \frac{y_2-b}{a} \right) \\
&= \int_{\frac{y_1-b}{a}}^{\frac{y_2-b}{a}} \frac{1}{\sqrt{2\pi}\sigma} e^{-\frac{(x-\mu)^2}{2\sigma^2}} dx
\end{aligned}$$

ここで $ax+b=y$ と置き換えると

$$P(y_1 < Y \leq y_2) = \int_{y_1}^{y_2} \frac{1}{\sqrt{2\pi}a\sigma} e^{-\frac{(y-(a\mu+b))^2}{2a^2\sigma^2}} dy$$

これは Y の密度関数が正規分布 $N(a\mu+b, a^2\sigma^2)$ の密度関数であることを示している．ゆえに $Y \sim N(a\mu+b, a^2\sigma^2)$ がいえる．

系 **5.2.** $X \sim N(\mu,\sigma^2)$ ならば

$$Z = \frac{X-\mu}{\sigma}$$

は規準正規分布 $N(0,1)$ にしたがう．

証明　定理 5.2 において

$$a=\frac{1}{\sigma},\ b=-\frac{\mu}{\sigma}$$

とおけばよい．

正規分布に関する具体的確率計算はこの系と正規分布表を使う．付表 2 は規準正規分布の密度関数についての積分

$$\Phi(z) = \int_0^z \frac{1}{\sqrt{2\pi}} e^{-\frac{z^2}{2}} dz, \quad z > 0$$

が種々の $z > 0$ に対して作成してある．密度関数

$$\varphi(z) = \frac{1}{\sqrt{2\pi}} e^{-\frac{z^2}{2}}$$

の軸 $z = 0$ に関する対称性から

$$\int_0^\infty \frac{1}{\sqrt{2\pi}} e^{-\frac{z^2}{2}} dz = \int_{-\infty}^0 \frac{1}{\sqrt{2\pi}} e^{-\frac{z^2}{2}} dz = 0.5$$

は明らかである．これらの性質を用いるとすべての確率は分布表により完全に計算できる．

いまここで $X \sim N(\mu, \sigma^2)$ のとき確率

$$\alpha = P(a < X \leq b),\ \beta = P(a < X),\ \gamma = P(X \leq b),\ a < b$$

を求めてみる．

まず，変数 X を基準化して

$$Z = \frac{X - \mu}{\sigma},\ a' = \frac{a - \mu}{\sigma},\ b' = \frac{b - \mu}{\sigma}$$

とおく．求める確率はそれぞれ

$$\alpha = P(a' < Z \leq b'),\ \beta = P(a' < Z),\ \gamma = P(Z \leq b')$$

である．

(i) α について

(1) $a' < b' \leq 0 \Longrightarrow \alpha = \Phi(-a') - \Phi(-b')$;

(2) $a' < 0 < b' \Longrightarrow \alpha = \Phi(-a') + \Phi(b')$;

(3) $0 \leq a' < b' \Longrightarrow \alpha = \Phi(b') - \Phi(a')$

(ii) β について

(1) $a' < 0 \Longrightarrow \beta = 0.5 + \Phi(-a')$;

(2) $a' = 0 \Longrightarrow \beta = 0.5$;

(3) $a' > 0 \Longrightarrow \beta = 0.5 - \Phi(a')$

(iii) γ について

(1) $b' < 0 \Longrightarrow \gamma = 0.5 - \Phi(-b')$;

(2) $b' = 0 \Longrightarrow \gamma = 0.5$;

(3) $b' > 0 \Longrightarrow \gamma = 0.5 + \Phi(b')$

例 **5.1.1.** $X \sim N(3,4)$ のとき,

$$(*) \qquad P(X > c) = 2P(X \le c)$$

なる C を求めよ.

解答 $Z = X - 3/2$ とおいて Z の確率に変換すると

$$P(X > c) = P\left(Z > \frac{c-3}{2}\right) = 1 - F\left(\frac{c-3}{2}\right)$$
$$P(X \le c) = P\left(Z \le \frac{c-3}{2}\right) = F\left(\frac{c-3}{2}\right)$$

ここで

$$F(a) = \int_{-\infty}^{a} \frac{1}{\sqrt{2\pi}} e^{-\frac{x^2}{2}} dx$$

$(*)$ より

$$1 - F\left(\frac{c-3}{2}\right) = 2F\left(\frac{c-3}{2}\right)$$

すなわち,

$$F\left(\frac{c-3}{2}\right) = \frac{1}{3} < 0.5$$

であるから,

$$0.5 - \frac{1}{3} = \Phi\left(\frac{3-c}{2}\right)$$

分布表から $(3-c)/2 = 0.43$, これより $c = 2.14$ をえる.

例 **5.1.2.** 一定の長さの針金を作る工程がある．その工程から作られる針金の直径 X(mm) は $E(X) = 165$, $V(X) = 9$ の正規分布にしたがうことが知られているとする．さらに，その直径が 162(mm) より小さければ，不合格であるとしている．針金の何%が不合格と見込まれるか．

解答 答えは $P(X < 162)$ である．これを求めるために $Z = (X - 165)/3$ とおいて

$$
\begin{aligned}
P(X < 162) &= P\left(Z < \frac{162 - 165}{3}\right) \\
&= 0.5 - \Phi(1) = 0.159
\end{aligned}
$$

をえる．よって不合格であるのは約 16 %であるといえる．

例 **5.1.3.** 確率変数 X が $N(\mu, \sigma^2)$ にしたがうとき $\mu \pm \sigma$, $\mu \pm 2\sigma$, $\mu \pm 3\sigma$ の値を実現する確率は次の通りである．

$$
\begin{aligned}
P(\mu - \sigma \leq X \leq \mu + \sigma) &= 2\Phi(1) = 0.6826; \\
P(\mu - 2\sigma \leq X \leq \mu + 2\sigma) &= 2\Phi(2) = 0.9546; \\
P(\mu - 3\sigma \leq X \leq \mu + 3\sigma) &= 2\Phi(3) = 0.9974
\end{aligned}
$$

したがって，正規母集団の母平均の 2σ, 3σ の範囲に“ほとんどすべて”が分布しているといえる．ほとんどの意味は残り 0.0454, 0.0026 の確率がほとんどないと考えるという意味である．つまり，ごく大雑把にいって X の実現値 x が

$$
\begin{aligned}
&x > \mu - 2\sigma \quad \text{または}\ x > \mu + 2\sigma; \\
&x > \mu - 3\sigma \quad \text{または}\ x > \mu + 3\sigma
\end{aligned}
$$

であれば，“めったに起こらないことが起こった”と考えるのが自然である．

5.2　指数分布

定義 5.2. 連続的確率変数 X が次の密度関数をもつとき，X は指数分布 $E(\alpha)$ $(\alpha > 0)$ にしたがうといい，$X \sim E(\alpha)$ で表す．

$$f(x) = \begin{cases} \alpha e^{-\alpha x} & (x > 0) \\ 0 & (\text{その他}) \end{cases}$$

注 5.2.1. 積分から直ちに

$$\int_0^\infty \alpha e^{-\alpha x} dx = 1$$

がいえる．

定理 5.3. $X \sim E(\alpha) \Longrightarrow E(X) = \frac{1}{\alpha}, \quad V(X) = \frac{1}{\alpha^2}$

証明　部分積分法により

$$\begin{aligned} E(X) &= \int_0^\infty x\alpha e^{-\alpha x} dx \\ &= \left[-xe^{-\alpha x}\right]_0^\infty + \int_0^\infty e^{-\alpha x} dx = \frac{1}{\alpha} \end{aligned}$$

$V(X)$ については次の公式を使う．

$$V(X) = \int_0^\infty x^2 \alpha e^{-\alpha x} dx - [E(X)]^2$$

ここで第 1 項は部分積分法により $2/\alpha^2$ である．よって

$$V(X) = \frac{2}{\alpha^2} - \frac{1}{\alpha^2} = \frac{1}{\alpha^2}$$

定理 5.4. $X \sim E(\alpha)$ であれば，$s,\ t > 0$ に対して次がいえる．

$$P(X > s + t \,|\, X > s) = P(X > t)$$

証明

$$\begin{aligned} P(X > s + t \,|\, X > s) &= \frac{P(X > s + t)}{P(X > s)} \\ &= \frac{e^{-\alpha(s+t)}}{e^{-\alpha s}} = e^{-\alpha t} \\ &= P(X > t) \end{aligned}$$

この定理で述べられた性質は，次のように解釈される．X の実現値の実現のされ方はこれまでの情報には関係しないことを意味している．この性質を利用して，指数分布は部品の寿命に適用される．

例 5.2.1. ある部品の寿命は指数分布にしたがうことが知られている．その部品の製造工程にはプロセス I，II がある．プロセス I，II で製造される部品の寿命を確率変数 X_1，X_2(時間）で表す．過去のデータから

$$X_1 \sim E(\frac{1}{100}), \quad X_2 \sim E(\frac{1}{150})$$

であることがわかっている．ただし，プロセス II の部品 1 個当たりの製造コストはプロセス I のコスト C の 2 倍である．さらにもしその部品の寿命が 200 時間以下であれば，1 個当たり K 円のペナルティーが生産者に課される．どちらの方法を採用すべきであろうか．

解答　この問題に対して，両プロセスの製造コスト C_1，C_2 の期待値を求めて比較する．プロセス I について C_1 は次のように表現される．

$$C_1 = \begin{cases} C & (X > 200) \\ C + K & (X \leq 200) \end{cases}$$

したがってその期待値は

$$\begin{aligned} E(C_1) &= CP(X > 200) + (C + K)P(X \leq 200) \\ &= Ce^{-(\frac{1}{100})200} + (C + K)(1 - e^{-(\frac{1}{100})200}) \\ &= Ce^{-2} + (C + K)(1 - e^{-2}) \\ &= K(1 - e^{-2}) + C \end{aligned}$$

同様の計算で

$$E(C_2) = K(1 - e^{-\frac{4}{3}}) + 2C$$

ゆえに両者の比較をすれば

$$E(C_2) - E(C_1) = C + K(e^{-2} - e^{-\frac{4}{3}}) = C - 0.13K.$$

結論として，もし $C \geq 0.13K$ であれば，プロセスIを，もし $C < 0.13K$ であれば，プロセスIIが採用されるべきである．

例 **5.2.2.** ある部品の寿命 T は指数分布 $E(\alpha)$ にしたがっていることが知られている．そのような部品 n 個をインストールして使用する機械があるとき，t 時間後に半分以上が作動している確率を求める．

解答 その確率 P は次で与えられる．

$$P = \begin{cases} \sum_{k=n/2}^{n} \binom{n}{k} (1 - e^{-\alpha t})^{n-k} e^{-\alpha t k} & (n : \text{偶数}) \\ \sum_{k=(n+1)/2}^{n} \binom{n}{k} (1 - e^{-\alpha t})^{n-k} e^{-\alpha t k} & (n : \text{奇数}) \end{cases}$$

例 **5.2.3.** $X \sim E(\alpha)$ のとき X がその期待値を超える確率をもとめよ．

解答

$$\begin{aligned} P(X > E(X)) &= P\left(X > \frac{1}{\alpha}\right) = e^{-\alpha \frac{1}{\alpha}} \\ &= e^{-1} < \frac{1}{2} \end{aligned}$$

すなわち，50 %より小さいことがわかる．

6　標本確率変数

6.1　2次元確率分布

一般に n 個の確率変数 $X_1,\ X_2,\ \cdots,\ X_n$ に対してその実現値

$$(X_1,\ X_2,\ \cdots,\ X_n) = (x_1, x_2,\ \cdots,\ x_n)$$

の確率は n 次元確率分布にしたがう．ここでは，特に $n = 2$ の場合を扱う．われわれに特に必要なのは，これら n 個の確率変数の和，差，積の期待値，分散であるから，$n = 2$ の場合で十分である．$n > 2$ の場合はその自然な拡張としてえられる．

そこで 2 次元確率分布としてまず離散的場合を導入する．2 つの離散的確率変数 $X,\ Y$ がそれぞれ実現値を

$$R_X = \{x_i \,|\, i \in \mathbb{N}\},\quad R_Y = \{y_j \,|\, j \in \mathbb{N}\},$$

密度関数を

$$P(X = x_i) = f(x_i),\quad P(Y = y_j) = g(y_j)$$

とする．いま,「$X = x_i$ かつ $Y = y_j$」という事象を $\{X = x_i,\ Y = y_j\}$ と表し，その確率は関数であるからこれを

$$P(X = x_i,\ Y = y_j) = h(x_i, y_j)\quad (i \in \mathbb{N},\ j \in \mathbb{N})$$

で表すとする．このとき次が成立することは明らかである．

$$\sum_{i,j\in\mathbb{N}} h(x_i, y_j) = \sum_{i\in\mathbb{N}} f(x_i) = \sum_{j\in\mathbb{N}} g(y_j) = 1$$

$$f(x_i) = \sum_{j\in\mathbb{N}} h(x_i, y_j),\ g(y_j) = \sum_{i\in\mathbb{N}} h(x_i, y_j)$$

このとき，$h(x_i, y_j)$ を (X, Y) の同時密度関数といい，これで与えられる分布を **2** 次元離散的確率分布という．また，$f(x_i)$，$g(y_j)$ をそれぞれ X，Y の周辺密度関数という．また，

例 6.1.1. 2 個の大小のサイコロを同時に投げたとき，大きい方のサイコロの目を X で小さい方の目を Y で表すことにすれば，(X, Y) の密度関数は，サイコロの偏りがなければ

$$h(x, y) = \begin{cases} \frac{1}{36}, & (x, y = 1,\ 2,\ \cdots,\ 6) \\ 0 & (\text{その他}) \end{cases}$$

で与えられる．

次に連続的な場合を考える．

2 つの連続的確率変数 X，Y が与えられているとする．X，Y の密度関数をそれぞれ $f(x)$，$g(y)$ とする．任意の部分集合 $A \subset \mathbb{R}^2$ に対して (X, Y) の実現値が A に入る確率が

$$P((X, Y) \in A) = \iint_A h(x, y) dx\, dy$$

で表されるとき，$h(x, y)$ を (X, Y) の連続的密度関数といい，これで与えられる分布を **2** 次元連続的確率分布という．このとき，

$$f(x) = \int_{-\infty}^{\infty} h(x, y) dy, \quad g(y) = \int_{-\infty}^{\infty} h(x, y) dx$$

を X，Y の周辺密度関数，同時密度関数という．このとき

$$\iint_{\mathbb{R}^2} h(x, y) dx\, dy = 1,\ \int_{-\infty}^{\infty} f(x) dx = 1,\ \int_{-\infty}^{\infty} g(y) dy = 1$$

でなければならない．

定義 6.1. 離散的確率変数 X，Y について，その実現値 x_i，y_j について

$$P(X = x_i,\ Y = y_j) = P(X = x_i) P(Y = y_j), \quad i, j \in \mathbb{N}$$

すなわち，

$$h(x_i, y_j) = f(x_i) g(y_j), \quad i, j \in \mathbb{N}$$

がいえるとき，確率変数 X, Y は独立であるという．

連続的確率変数 X, Y に対して X, Y, (X,Y) の密度関数を $f(x)$, $g(y)$, $h(x,y)$ とする．

$$h(x,y) = f(x)g(y)$$

が成り立てば，X, Y は独立であるという．

連続的確率変数 X, Y が独立であることは，上の定義で $h(x,y) = f(x)g(y)$ が成り立つことであるが，このときその周辺密度関数はそれぞれ $f(x)$, $g(y)$ になる．したがって，同時密度関数が周辺密度関数の積になっていることがわかる．これは離散的な場合も同じである．

確率変数が上の定義の意味で独立ということはどういう意味をもつのであろうか．

X がどんな値を実現するかは，Y がどんな値を実現するかに関係ないということであり，また逆もそうである．Y の値の実現は X がいかなる値を実現するかの情報には無関係であるということである．

たとえば，同じ土地の面積を２人の A, B が測量するとき，その実現値をそれぞれ X, Y で表せば，この確率変数 X, Y の独立性は次のように解釈される．

もし両者が何ら無関係に測量を行えば，X, Y は独立である．もし，２人の測量が何らかの意味で影響し合えば，X, Y は独立ではなくなる．たとえば A の測定値に B が合わせたりすれば，独立ではない．

実際的には，X, Y の独立性をいうには上の定義通りに同時密度関数が周辺密度関数の積になっていることをいうべきであるが，この例のようにその解釈において独立であれば，独立として扱うことになる．

以上のことは，2 個の場合のみならず一般に n 個の確率変数の独立性へ自然に拡張されることを留意しておこう．

6.2 確率変数の関数の期待値

X を確率変数とする．もし X の関数 $Y = \varphi(X)$ が与えられれば，Y も確率変数である．このとき X が離散的であれば，Y も離散的確率変数であり，X が連続的であれば，Y も連続的確率変数である．とすれば，この Y に関する期待値 $E(Y)=E(\varphi(X))$，分散 $V(Y)=V(\varphi(X))$ が考えられる．

定理 6.1. X を確率変数とし $Y=\varphi(X)$ とする．

(i) X が離散的確率変数でその密度関数を $p(x_i)$，$i\in\mathbb{N}$ とすればその期待値，分散は

$$E(Y)=E(\varphi(X))=\sum_{i\in\mathbb{N}}\varphi(x_i)p(x_i)$$
$$V(Y)=V(\varphi(X))=\sum_{i\in\mathbb{N}}(\varphi(x_i)-E(Y))^2p(x_i)$$

で与えられる．

(ii) X が連続的確率変数でその密度関数を $f(x)$ とすればその期待値，分散は

$$E(Y)=E(\varphi(X))=\int_{-\infty}^{\infty}\varphi(x)f(x)dx$$
$$V(Y)=V(\varphi(X))=\int_{-\infty}^{\infty}(\varphi(x)-E(Y))^2f(x)dx$$

で与えられる．

証明　証明は離散的確率変数の場合のみ与えれば十分である．離散的確率変数の期待値の定義 3.5 によれば次の通りである．ただし，$y_i=\varphi(x_i)$，$i\in\mathbb{N}$.

$$\begin{aligned}E(Y)&=\sum_{i\in\mathbb{N}}y_iP(Y=y_i)\\&=\sum_{i\in\mathbb{N}}\varphi(x_i)P(X=x_i)\\&=\sum_{i\in\mathbb{N}}\varphi(x_i)p(x_i)\end{aligned}$$

分散についても同様である．

注 6.2.1. 確率変数 X の分散 $V(X)$ は X の関数 $Y=(X-E(X))^2$ の期待値である．

定理 6.2. X を確率変数とする．

(i) $a \neq 0$ に対して $E(aX+b) = aE(X)+b$

(ii) $V(X) = E(X^2) - E(X)^2$

証明 (i) X が離散的確率変数の場合，その密度関数を $p(x_i)$, $i \in \mathbb{N}$ とする．

$$\begin{aligned} E(aX+b) &= \sum_{i\in\mathbb{N}} (ax_i+b)p(x_i) \\ &= a\sum_{i\in\mathbb{N}} x_i p(x_i) + b\sum_{i\in\mathbb{N}} p(x_i) \\ &= aE(X)+b \end{aligned}$$

X が連続的確率変数でその密度関数を $f(x)$ とする．

$$\begin{aligned} E(aX+b) &= \int_{-\infty}^{\infty} (ax+b)f(x)dx \\ &= a\int_{-\infty}^{\infty} xf(x)dx + b\int_{-\infty}^{\infty} f(x)dx \\ &= aE(X)+b \end{aligned}$$

(ii) については定理 3.1，3.2 で示した通りである．

例 6.2.1. X を次の密度関数 $f(x)$ をもつ連続的確率変数であるとする．

$$f(x) = \begin{cases} \frac{e^x}{2} & (x \leq 0) \\ \frac{e^{-x}}{2} & (x > 0) \end{cases}$$

このとき $Y = |X|$ の期待値を計算すれば

$$\begin{aligned} E(Y) &= \int_{-\infty}^{\infty} |x| f(x)dx \\ &= \frac{1}{2}\left[\int_{-\infty}^{0} (-x)e^x dx + \int_{0}^{\infty} xe^{-x} dx\right] \\ &= \frac{1}{2}[1+1] = 1 \end{aligned}$$

1 変数の場合と同様に 2 変数の場合の期待値の定義を与える．

定義 6.2. 2 変数の確率変数 (X,Y) の同時密度関数を $p(x,y)$ とする．(X,Y) の積分可能関数 $f(X,Y)$ が与えられたとき，$f(X,Y)$ の期待値 $E(f(X,Y))$ を次で定義する．

$$E[f(X,Y)] = \begin{cases} \int\int_{\mathbb{R}^2} f(x,y)p(x,y)dxdy & (\text{連続的な場合}) \\ \sum\sum_{i,j} f(x_i,y_j)p(x_i,y_j) & (\text{離散的な場合}) \end{cases}$$

ここで $f(x,y)$ は $f(X,Y)$ の X, Y を x, y に置き換えたものである．

期待値のオペレイション $E[\ ]$ は 1 次元の場合と矛盾しないことが次の定理からわかる．

定理 6.3. 確率変数 X, Y の期待値を μ_x, μ_y, 分散を σ_x^2, σ_y^2 とすれば，上の定義の意味で

$$E[X] = \mu_x, \quad E[(X-\mu_x)^2] = \sigma_x^2$$
$$E[Y] = \mu_y, \quad E[(Y-\mu_y)^2] = \sigma_y^2$$

がいえる．

証明　連続的確率変数の場合のみ証明する．離散的な場合は $\int$ を $\sum$ に変えるだけでよい．

$$\begin{aligned} E[X] &= \int\int_{\mathbb{R}^2} xp(x,y)dxdy \\ &= \int_{-\infty}^{\infty} x\left(\int_{-\infty}^{\infty} p(x,y)dy\right)dx \\ &= \int_{-\infty}^{\infty} xq(x)dx = \mu_x \end{aligned}$$

（ここで，$q(x)$ は X の密度関数であることに注意せよ）．

$$\begin{aligned} E[(X-\mu_x)^2] &= \int\int_{\mathbb{R}^2} (x-\mu_x)^2 p(x,y)dxdy \\ &= \int_{-\infty}^{\infty} (x-\mu_x)^2\left(\int_{-\infty}^{\infty} p(x,y)dy\right)dx \\ &= \int_{-\infty}^{\infty} (x-\mu_x)^2 q(x)dx = \sigma_x^2 \end{aligned}$$

Y についても同様である．

したがって今後は $E[\ ]$, $E(\ )$ の区別はしないことにする.

定理 6.4. 確率変数の期待値について次の式が成り立つ.

(i) $E(X+Y)=E(X)+E(Y)$;

(ii) 一般に

$$E(X_1+X_2+\ \cdots\ +X_n)=E(X_1)+E(X_2)+\ \cdots\ +E(X_n)$$

証明 (i) のみの証明を与える. (ii) はその繰り返しである. まず離散的確率変数 X, Y の同時密度関数を $h(x_i,y_j)$, その周辺密度関数を $f(x_i)$, $g(y_j)$ とおく. ただし,

$$R_X=\{x_i\,|\,i\in\mathbb{N}\},\quad R_Y=\{y_j\,|\,j\in\mathbb{N}\}$$

とする. 期待値の定義から

$$\begin{aligned}E(X+Y)&=\sum_{i,j\in\mathbb{N}}(x_i+y_j)h(x_i,y_j)=\sum_{i\in\mathbb{N}}\left(x_i\sum_{j\in\mathbb{N}}h(x_i,y_j)\right)+\sum_{j\in\mathbb{N}}\left(y_j\sum_{i\in\mathbb{N}}h(x_i,y_j)\right)\\&=\sum_{i\in\mathbb{N}}x_if(x_i)+\sum_{j\in\mathbb{N}}y_jg(y_j)\\&=E(X)+E(Y)\end{aligned}$$

次に X, Y を連続的確率変数とし, その同時密度関数を $h(x,y)$, それらの周辺密度関数を $f(x)$, $g(y)$ とおく.

$$\begin{aligned}E(X+Y)&=\iint\limits_{\mathbb{R}^2}(x+y)h(x,y)dx\,dy=\iint\limits_{\mathbb{R}^2}xh(x,y)dx\,dy+\iint\limits_{\mathbb{R}^2}yh(x,y)dx\,dy\\&=\int_{\mathbb{R}}xf(x)dx+\int_{\mathbb{R}}yg(y)dy\\&=E(X)+E(Y)\end{aligned}$$

定理 6.5. 確率変数 X, Y が独立であれば,

$$E(XY)=E(X)E(Y)$$

一般に確率変数 X_1, X_2, $\cdots$, X_n が互いに独立であれば,

$$E(X_1X_2\ \cdots\ X_n) = E(X_1)E(X_2)\cdots E(X_n)$$

がいえる.

証明は明らかである.

6.3 相関係数

定義 6.3. X, Y を確率変数とするとき

$$Cov(X,Y) = \sigma_{xy} = E((X - E(X))(Y - E(Y)))$$

を X と Y の共分散(covariance) といい,

$$\rho = \frac{\sigma_{xy}}{\sigma_x \sigma_y}$$

を相関係数(correlation coefficient) という.

定理 6.6. 相関係数は次の性質をもつ.

(i) $|\rho| \leq 1$;

(ii) X, Y が独立であれば, $\rho = 0$;

(iii) $Y = aX + b \Longleftrightarrow |\rho| = 1$

証明 (i) 実数 t に関係なく

$$\begin{aligned}
&E((t(X - E(X)) + (Y - E(Y))^2) \\
&= t^2E((X - E(X))^2) + 2tE((X - E(X))(Y - E(Y))) + E((Y - E(Y))^2) \\
&= t^2\sigma_x^2 + 2t\sigma_{xy} + \sigma_y^2 \geq 0
\end{aligned}$$

ゆえに判別式から

$$\sigma_{xy}^2 - \sigma_x^2\sigma_y^2 \leq 0$$

これより

$$|\rho| = \left|\frac{\sigma_{xy}}{\sigma_x \sigma_y}\right| \leq 1$$

(ii) X, Y が独立であれば同時密度関数はそれぞれの密度関数の積であるから

$$\begin{aligned}
\sigma_{xy} &= \int\int (x - E(X))(y - E(Y))q(x)r(y)dxdy \\
&= \left(\int (x - E(X))q(x)dx\right)\left(\int (y - E(Y))r(y)dy\right) \\
&= (E(X) - E(X))(E(Y) - E(Y)) = 0
\end{aligned}$$

これより $\rho = 0$ である．離散的な場合も同様である．

(iii) $\Longrightarrow Y = aX + b$ とすれば定理 7.2 により

$$E(Y) = aE(X) + b, \quad \sigma_y^2 = a^2 \sigma_x^2$$

である．したがって

$$\begin{aligned}
\sigma_{xy} &= \int\int (x - E(X))(y - E(Y))p(x, y)dxdy \\
&= \int\int a(x - E(X))^2 p(x, y)dxdy = a\int_{-\infty}^{\infty} (x - E(X))^2 q(x)dx \\
&= a\sigma_x^2
\end{aligned}$$

したがって，

$$|\rho| = \left|\frac{\sigma_{xy}}{\sigma_x \sigma_y}\right| = \left|\frac{a\sigma_x^2}{|a|\sigma_x^2}\right| = 1$$

離散的な場合も同様である．

$\Longleftarrow$

$$E((t(X - E(X)) + (Y - E(Y)))^2) = t^2\sigma_x^2 + 2t\sigma_{xy} + \sigma_y^2$$

において $|\rho| = 1$ であるから

$$\sigma_{xy}^2 - \sigma_x^2 \sigma_y^2 = 0$$

これらより

$$E((t_0(X - E(X)) + (Y - E(Y))^2) = 0$$

となる実数 t_0 が存在する．このことより

$$t_0(X - E(X)) + (Y - E(Y) = 0$$

すなわち，Y は X の 1 次式で表される．

定理 6.7. 確率変数 (X, Y) の同時密度関数を $p(x, y)$ とする．変数変換

$$X = f(U, V), \quad Y = g(U, V)$$

が与えられたとき，(U, V) の同時密度関数を $q(u, v)$ とすれば，これらの間には

$$q(u, v) = p(f(u, v), g(u, v)) \left| \frac{\partial(x, y)}{\partial(u, v)} \right|$$

が成立する．ただし，$\partial(x, y)/\partial(u, v) \neq 0$ とする．

証明　(U, V) が 4 点 $(u, v), (u + du, v), (u, v + v + dv), (u + du, v + dv)$ で作られる矩形の値を実現する確率は

$$q(u, v)dudv$$

である．またそれは，(X, Y) が 4 点 $(x, y), (x + dx, y), (x, y + dy), (x + dx, y + dy)$ の作る矩形の値を実現する確率

$$p(x, y)dxdy$$

に等しい．よって

$$p(x, y)dxdy = q(u, v)dudv$$

ところで

$$dxdy = \left| \frac{\partial(x, y)}{\partial(u, v)} \right|$$

であるから，等式をえる．

6.4　極限定理

ここでは極限定理として平均値統計量に関する大数の法則と中心極限定について述べる．任意の標本確率変数 X_1，X_2，$\cdots$，X_n のサイズ n を無限大に増やしていった

場合，極限においてはどのような法則が成り立つのであろうか．これを与えるのが極限定理である．データのサイズを大にすれば，より正確な推測を与えることができるということに対する，大雑把な合理性を与えるものである．

定理 6.8. （チェビシェフの不等式）

期待値 $E(X)=\mu$，分散 $V(X)=\sigma^2$ がいずれも有限な確率変数 X は任意の $c>0$ に対して次の不等式を満たす．

$$P(|X-\mu|\geq c)\leq\frac{\sigma^2}{c^2}$$

証明　連続的確率変数の場合

$$\begin{aligned}\sigma^2&=\int_{-\infty}^{\infty}(x-\mu)^2f(x)dx\\&=\int_{|x-\mu|\geq c}(x-\mu)^2f(x)dx+\int_{|x-\mu|<c}(x-\mu)^2f(x)dx\\&\geq\int_{|x-\mu|\geq c}(x-\mu)^2f(x)dx\\&\geq c^2\int_{|x-\mu|\geq c}f(x)dx\\&=c^2P(|X-\mu|\geq c)\end{aligned}$$

離散的な場合は $\int$ を $\sum$ に変えれば十分である．

このチェビシェフの不等式を用いれば，次の大数の法則が証明できる．

定理 6.9. （大数の法則）

X_1，X_2，$\cdots$，X_n をサイズ n の標本確率変数として $E(X_i)=\mu$，$V(X_i)=\sigma^2$ が存在するとする．このとき任意の $\varepsilon>0$ に対して

$$\lim_{n\to\infty}P(|\overline{X_n}-\mu|\geq\varepsilon)=0$$

が成立する，ここで $\overline{X_n}$ は $\{X_1, X_2, \cdots, X_n\}$ の平均値統計量である．

証明

$$E(\overline{X_n})=\mu,\ V(\overline{X_n})=\frac{\sigma^2}{n}$$

であるからチェビシェフの不等式から

$$P(|\overline{X_n}-\mu|\geq\varepsilon)\leq\frac{\sigma^2}{n\varepsilon^2}$$

がいえる．ここで $n\to\infty$ とすれば，右辺は 0 に収束するから，等式をえる．

この式が意味するのは次の通りである．
μ の周りにどんな小さな区間 $(\mu-\varepsilon,\mu+\varepsilon)$ をとっても，n を大きくすることにより，$\overline{X}$ がこの区間の外に出る確率をいくらでも小さくできることである．

逆にいえば，任意の $\varepsilon>0$ に対して

$$\lim_{n\to\infty}P(|\overline{X_n}-\mu|<\varepsilon)=1$$

がいえることである．

一般に確率変数の列 X_1, X_2, $\cdots$ が確率変数 X に確率収束（converge in probability）とは任意の $\varepsilon>0$ に対して

$$\lim_{n\to\infty}P(|X_n-X|\geq\varepsilon)=0$$

または

$$\lim_{n\to\infty}P(|X_n-X|\leq\varepsilon)=1$$

がいえることである．この言葉にしたがえば，大数の法則とは「標本平均が母平均に確率収束する」ことを示している．

たとえば，今手元にあるサイコロの 1 の目の出る確率 p を知るために，これを n 回投げて 1 の目の出る回数 n_A を出すことを試みるであろう．大数の法則は，この相対度数 $p_n=n_A/n$ の動きが $n\to\infty$ のとき，p に近づくことが期待されることを示している．すなわち，p の推定値として n_A/n を用いるのは，理にかなっている．これを推定の充足性という（点推定論参照）．

しかし，次のことは注意を要する．すなわち，大数の法則とは，$n\to\infty$ のとき，n_A/n が必ず p に収束することを保証するものではない．

7 正規分布にしたがう統計量

7.1 1組の標本確率変数

変数の組 X_1, X_2, $\cdots$, X_n を正規母集団 $N(\mu,\sigma^2)$ からの標本確率変数であると仮定する．すなわち，前章で述べたように各 X_i は $N(\mu,\sigma^2)$ にしたがい，互いに独立である．この章では，この仮定のもとで平均値統計量の分布がまた正規分布になることを示す．そしてその応用を考える．

標本確率変数の母集団に正規分布を仮定することの応用は広い．なぜならば，正規母集団は誤差の法則を数学的にモデル化したもので，日常の観測，測定の結果えられるデータの母集団としては，一番適しているからである．

定理 7.1. X, Y をそれぞれ密度関数 $f_X(x)$, $f_Y(y)$ をもつ互いに独立な連続的確率変数であるとする．確率変数 $U=X+Y$ の密度関数は

$$f_U(u)=\int_{-\infty}^{\infty} f_X(u-y)f_Y(y)dy=\int_{-\infty}^{\infty} f_X(x)f_Y(u-x)dx$$

で与えられる．

これに対する直接的証明と定理 6.7 を用いた場合の 2 通りを与える．

証明 任意にとった実数 u と十分小さい正数 Δu に対して確率 $P(u<U\leq u+\Delta u)$ を求める．Y の実現値の範囲を任意に決めた正数 Δy の幅に等分し，その分点を

$$y_0,\ y_{\pm 1},\ y_{\pm 2},\ y_{\pm 3},\ \cdots,\ y_{\pm n},\ \cdots$$

とおく．事象を次のようにおく．

$$A_i = \{u - y_y < X \leq u - y_i + \Delta u\}, \quad 1 = 0,\ \pm 1,\ \pm 2,\ \cdots,$$
$$B_i = \{y_i < Y \leq y_i + \Delta y\},$$
$$C = \{u < X + Y \leq u + \Delta u\}$$

このとき C は $\Delta y \to 0$ にいけば，極限において $\bigcup_{i\in\mathbb{Z}}(A_i \cap B_i)$ は C と一致する．よって

$$C = \lim_{\Delta y \to 0} \bigcup_{i\in\mathbb{Z}} (A_i \cap B_i)$$

がいえる．この確率を計算する．

$$\begin{aligned} P(u < U \leq u + \Delta u) &= P\left(\lim_{\Delta y \to 0} \bigcup_{i\in\mathbb{Z}} (A_i \cap B_i)\right) \\ &= \lim_{\Delta y \to 0} P\left(\bigcup_{i\in\mathbb{Z}} (A_i \cap B_i)\right) \end{aligned}$$

各 $A_i \cap B_i$ は互いに排反で，X, Y は独立であるから

$$\begin{aligned} P(u < U \leq u + \Delta y) &= \lim_{\Delta y \to 0} \sum_{i\in\mathbb{Z}} P(A_i \cap B_i) \\ &= \lim_{\Delta \to 0} \sum_{i\in\mathbb{Z}} P(A_i)P(B_i) \end{aligned}$$

ここで $f_X(x), f_Y(y)$ は X, Y の密度関数であるから

$$P(A_i) = \int_{u-y_i}^{u-y_i+\Delta u} f_X(x)dx = f_X(u_i - y_i)\Delta u \quad (u < u_i < u + \Delta u)$$
$$P(B_i) = \int_{y_i}^{y_i+\Delta y} f_Y(y)dy = f_Y(y_i')\Delta y, \quad (y_i < y_i' < y_i + \Delta y)$$

これらを代入すれば

$$P(u < U \leq u + \Delta u) = \lim_{\Delta y \to 0} \sum_{i\in\mathbb{Z}} f_X(u_i - y_i) f_Y(y_i') \Delta y \Delta u.$$

極限の原理から

$$P(u < U \leq u + \Delta u) = \Delta u \int_{-\infty}^{\infty} f_X(u - y) f_Y(y) dy$$

となる．ゆえに $U = X + Y$ の密度関数は

$$\int_{-\infty}^{\infty} f_X(u-y) f_Y(y) dy$$

で与えられる．

証明　（定理 6.7 による）$U = X + Y$ の分布というのは，

$$\begin{cases} u &= x + y \\ v &= y \end{cases}$$

なる変数変換をしたときの分布 (U, V) の分布 $\varphi(u, v)$ の周辺密度関数

$$f_U(u) = \int_{-\infty}^{\infty} \varphi(u, v) dv$$

のことである．この場合 X, Y が独立であるから

$$\varphi(u, v) = f_X(x) f_Y(y) \left| \frac{\partial(x, y)}{\partial(u, v)} \right|$$

かつ

$$\begin{cases} x = u - y \\ y = v \end{cases}$$

であるから

$$\frac{\partial(x, y)}{\partial(u, v)} = \begin{vmatrix} \frac{\partial x}{\partial u} & \frac{\partial x}{\partial v} \\ \frac{\partial y}{\partial u} & \frac{\partial y}{\partial v} \end{vmatrix} = \begin{vmatrix} 1 & -1 \\ 0 & 1 \end{vmatrix} = 1$$

である．したがって

$$f_U(u) = \int_{-\infty}^{\infty} f_X(u-v) f_Y(v) dv = \int_{-\infty}^{\infty} f_X(u-y) f_Y(y) dy$$

をえる．

定理 7.2. $X \sim N(\mu_x, \sigma_x^2)$, $Y \sim N(\mu_y, \sigma_y^2)$ で X, Y は独立であるとすれば，$X + Y \sim N(\mu_x + \mu_y, \sigma_x^2 + \sigma_y^2)$

証明　上の定理から $U=X+Y$ の密度関数 $f_U(u)$ は次の通りである．

$$f_U(u)=\int_{-\infty}^{\infty}\frac{1}{\sqrt{2\pi}\sigma_x}e^{-\frac{(u-y-\mu_x)^2}{2\sigma_x^2}}\frac{1}{\sqrt{2\pi}\sigma_y}e^{-\frac{(y-\mu_y)^2}{2\sigma_y^2}}dy$$
$$=\int_{-\infty}^{\infty}\frac{1}{2\pi\sigma_x\sigma_y}e^{-\frac{(u-y-\mu_x)^2}{2\sigma_x^2}-\frac{(y-\mu_y)^2}{2\sigma_y^2}}dy$$

指数部分のみ変形すれば

$$\text{指数部分}=-\frac{1}{2}\left\{\left(\frac{u-\mu_x-\mu_y-y+\mu_y}{\sigma_x}\right)^2+\left(\frac{y-u_y}{\sigma_y}\right)^2\right\}$$
$$=-\frac{1}{2}\left\{\left(\frac{u-\mu_x-\mu_y}{\sigma_x}\right)^2-2\frac{(u-\mu_x-\mu_y)(y-\mu_y)}{\sigma_x^2}+\frac{\sigma_x^2+\sigma_y^2}{\sigma_x^2\sigma_y^2}(y-\mu_y)^2\right\}$$
$$=-\frac{1}{2}\left\{\left(\sqrt{\frac{\sigma_x^2+\sigma_y^2}{\sigma_x^2\sigma_y^2}}(y-\mu_y)-\frac{u-\mu_x-\mu_y}{\sigma_x^2}\sqrt{\frac{\sigma_x^2\sigma_y^2}{\sigma_x^2+\sigma_y^2}}\right)^2+\frac{(u-\mu_x-\mu_y)^2}{\sigma_x^2+\sigma_y^2}\right\}$$

よって

$(*)\quad f_U(u)$

$$=\frac{1}{2\pi\sigma_x\sigma_y}e^{-\frac{1}{2}\frac{(u-\mu_x-\mu_y)^2}{\sigma_x^2+\sigma_y^2}}\int_{-\infty}^{\infty}e^{-\frac{1}{2}\left\{\sqrt{\frac{\sigma_x^2+\sigma_y^2}{\sigma_x^2\sigma_y^2}}(y-\mu_y)-\sqrt{\frac{\sigma_x^2\sigma_y^2}{\sigma_x^2+\sigma_y^2}}\frac{u-\mu_x-\mu_y}{\sigma_x^2}\right\}^2}dy$$

ここで次の変換を行う．

$$t=\sqrt{\frac{\sigma_x^2+\sigma_y^2}{\sigma_x^2\sigma_y^2}}(y-\mu_y)-\sqrt{\frac{\sigma_x^2\sigma_y^2}{\sigma_x^2+\sigma_y^2}}\frac{u-\mu_x-\mu_y}{\sigma_x^2}$$
$$dy=\sqrt{\frac{\sigma_x^2\sigma_y^2}{\sigma_x^2+\sigma_x^2}}dt$$

このとき $(*)$ は

$$(*)=\frac{1}{\sqrt{2\pi(\sigma_x^2+\sigma_y^2)}}e^{-\frac{1}{2}\frac{(u-\mu_x-\mu_y)^2}{\sigma_x^2+\sigma_y^2}}\int_{-\infty}^{\infty}\frac{1}{\sqrt{2\pi}}e^{-\frac{t^2}{2}}dt$$
$$=\frac{1}{\sqrt{2\pi(\sigma_x^2+\sigma_y^2)}}e^{-\frac{1}{2}\frac{(u-\mu_x-\mu_y)^2}{\sigma_x^2+\sigma_y^2}}$$

ゆえに $X+Y\sim N(\mu_x+\mu_y,\sigma_x^2+\sigma_y^2)$.

定理 7.3. 互いに独立な確率変数 X, Y がそれぞれ $N(\mu_x, \sigma_x^2)$, $N(\mu_y, \sigma_y^2)$ にしたがうとすれば，a, $b \neq 0$ に対して $aX + bY$ は $N(a\mu_x + b\mu_y, a^2\sigma_x^2 + b^2\sigma_y^2)$ にしたがう．

証明　定理 7.2 から

$$aX \sim N(a\mu_x, a^2\sigma_x^2),\ bY \sim N(b\mu_y, b^2\sigma_y^2)$$

上の定理から $aX + bY \sim N(a\mu_x + b\mu_y, a^2\sigma_x^2 + b^2\sigma_y^2)$

定理 7.4. 正規分布 $N(\mu, \sigma^2)$ にしたがう標本確率変数 X_1, X_2, $\cdots$, X_n の平均値統計量 $\overline{X}$ は正規分布 $N(\mu, \sigma^2/n)$ にしたがう．

証明　標本確率変数の独立性および定理 7.3 から

$$Y = \sum_{i=1}^{n} X_i \sim N(n\mu, n\sigma^2)$$

である．定理 5.2 から

$$\overline{X} = \frac{Y}{n} \sim N(\mu, \frac{\sigma^2}{n})$$

がいえる．

応用 1　μ の点推定

正規母集団 $N(\mu, \sigma^2)$ からとられた標本確率変数 X_1, X_2, $\cdots$, X_n について，定理 7.4 から $E(\overline{X}) = \mu$ がいえる．このことは，平均値統計量 $\overline{X}$ の実現値 $\overline{x}$ の分布は母平均 μ の周りにばらつくことを意味している．すなわち，このようなやり方で $\overline{X}$ の実現値をとっていけば，個々の実現値は μ との差はあるものの，全体的にはその差はゼロが期待できる．したがって，ただ 1 個の実現値で未知の μ を推定するためには $\overline{X}$ の実現値 $\overline{x}$ で推定するのがベターである．このような推定値 $\overline{x}$ を不偏推定値，その統計量 $\overline{X}$ を不偏推定量という．推定値は実数であり，推定量は統計量である．これが，未知の母係数 μ を 1 点で推定する点推定の 1 つのクライテリアである．

次に，μ の点推定について，別のクライテリアを述べる．μ の不偏推定量は一般に唯一ではない．たとえば，$n = 3$ の場合

$$Y = \frac{1}{3}(5X_1 - X_2 - X_3), \quad Z = \frac{1}{4}(X_1 + 2X_2 + X_3)$$

も同様に $E(Y)=E(Z)=\mu$ であるから，μ の不偏推定量である．このような場合に他のものに比べてこちらの不偏推定量がベターであるいう基準はないものであろうか．

そこで，それらの分散を比較することになる．つまり不偏推定量の中で分散の最小なものを最良であるとして採用することにする．このように，分散の最小な推定量を最小分散推定量であるという．

不偏推定量 S, T で $V(S)<V(T)$ なるものがあった場合に，なぜ S が T より，ベターであるのか，について考えてみる．

それでは，$\overline{X}$ の分散は他の不偏推定量の分散に比べれば，どうであろうか．これに対して，推定論では $\overline{X}$ の最小分散性がいえることが証明されている．

したがって，μ の最良な推定量は $\overline{X}$ であり，最良な推定値はその実現値 $\overline{x}$ で行うこととなる．

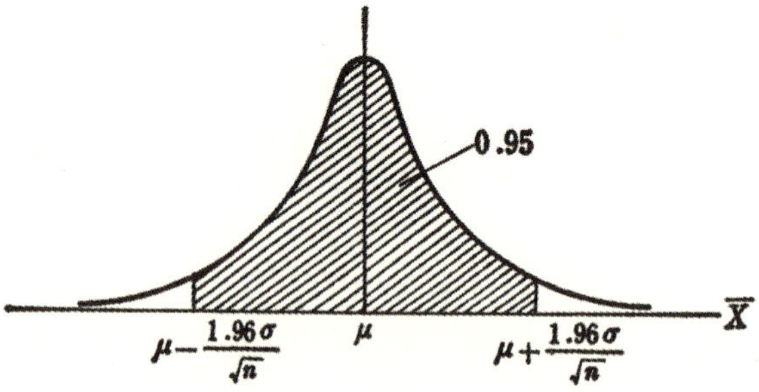

図 7.1 区間推定

応用 2 μ の区間推定（σ^2：既知）

正規母集団 $N(\mu,\sigma^2)$ の母分散 σ^2 は既知とするとき，母平均 μ の推定を区間で行う，区間推定を考える（σ が未知の場合は 10.2 節を参照せよ）．定理 7.4 からその母集団からの標本確率変数 X_1, X_2, $\cdots$, X_n がえられたとすれば，その平均値統計量 $\overline{X}$ の分布は $N(\mu,\sigma^2/n)$ である．よって確率分布表から

$$P(|\overline{X}-\mu|\leq 1.96)=0.95$$

$$P(|\overline{X}-\mu|\leq 2.576)=0.99$$

すなわち，

$$P\left(\overline{X}-1.96\frac{\sigma}{\sqrt{n}}\leq\mu\leq\overline{X}+1.96\frac{\sigma}{\sqrt{n}}\right)=0.95$$
$$P\left(\overline{X}-2.576\frac{\sigma}{\sqrt{n}}\leq\mu\leq\overline{X}+2.576\frac{\sigma}{\sqrt{n}}\right)=0.99$$

がいえる．つまり未知の係数 μ は区間

$$\left[\overline{X}-1.96\frac{\sigma}{\sqrt{n}}\leq\mu\leq\overline{X}+1.96\frac{\sigma}{\sqrt{n}}\right],\ \left[\overline{X}-2.576\frac{\sigma}{\sqrt{n}}\leq\mu\leq\overline{X}+2.576\frac{\sigma}{\sqrt{n}}\right]$$

の中にあるとすれば，確率 0.95，0.99 で信頼されるということになる．このとき，この区間を μ の信頼度，信頼係数 0.95，または 0.99 の信頼区間という．このようにして推定する方法を区間推定(interval estimation) という．点推定は 1 点で推定するわけであるが，区間で推定することが異なる．残りの 0.05，0.01 がこの場合の危険率ということができる．この区間推定に関して次のような注意を与えておく．

注 **7.1.1.** (1) 信頼度を上げればそれだけ良い区間推定ができるのではない．信頼度 0.95 から 0.99 に上げれば，確かに信頼度は上がるが，そのために信頼区間は広くなる．極端にいえば，信頼度を限りなく 1 に上げれば，信頼区間は $(-\infty,\infty)$ になり，意味のないものになってしまう．
(2) 同一の信頼度においては，信頼区間の幅は標本の個数 n を上げれば，小さくなる．したがって，同じ信頼度の区間推定において n を大きくすればするほど，より精度の高い推定になる．n を無限に大きくとれば，信頼区間はほとんど 1 点になりえる．
(3) 母集団の標準偏差 σ が小さいほど信頼区間の幅は小さくなる．

例 **7.1.1.** あるメーカーのある薬 1 錠当たりの重さを任意にとった 10 錠について測定したところ，次の通りとなった．この薬の 1 錠の重さを信頼度 0.95 の区間推定を行え．ただし，この薬の重さは正規母集団 $N(\mu,0.2^2)$ にしたがっているとする．

4.8　4.9　5.4　4.7　5.1　5.2　5.0　4.7　4.8　5.1　(mg)

解答 $\overline{X}=4.97,\ \sigma=0.2,\ n=10$ を代入して

$$4.97+1.96\frac{0.2}{\sqrt{10}}=5.10,\ 4.97-1.96\frac{0.2}{\sqrt{10}}=4.84$$

よって求める信頼区間は

$$[4.84, 5.10]\ (\mathrm{mg})$$

である.

応用 3 μ の検定（σ^2：既知）

母集団 $N(\mu, \sigma^2)$ の σ が既知の場合に，母平均 μ に関する仮説の検定を行う．この母集団からとられる大きさ n の標本確率変数を X_1，X_2，$\cdots$，X_n とする．

まず一般的仮説検定のあらましを述べる．

一般的仮説の検定は推測統計学の専売特許ではない．われわれ人間の知識の獲得がまさにこの手続きの繰り返しにほかならない．別のいい方をすれば，仮設の検定の繰り返しによってわれわれは日常の知識をえ，生活の技術をえているといえる．

たとえば，身近にいるカラスの観察から H_0: すべてのカラスは黒い，という知識をもっているとすれば，これは仮説にすぎない．この仮説の正否を検証するには，より多くのカラスを観測することになるであろう．

もし，ある日カラスに属する鳥で白のものを観測したのであれば，どうなるであろうか．その人は，直ちに仮説 H_0 を否定して，その反対の仮説 H_1: カラスは黒いとは限らない．という仮説を受け入れるであろう．そしてこの場合は，反例が挙がったことになるから H_1 はまったく正しいということになる．つまり，最初に設定した仮説 H_0 は否定されて初めて，その対立する仮説が正しいとわかるのである．もし，逆に目の前のカラスを見ても黒かっただけでは，H_0 は確信をもって受け入れるわけではない．単に，現段階では否定されなかっただけである．

このように，仮説 H_0 は否定されたときに意味があるのである．H_0 は否定されなかった場合は，それほどの意味があるわけではない．つまり仮説とは，一般的には否定されたときに意味があるといえる．H_0 が否定されなかったことは，単に現在のデータでは否定されなかったということであり，だからといってその肯定を意味しているのではない．結論として，仮説は否定されたときに意味がある．

次のような例を考えてみよう．これまでの観察から

H_0：A は貧乏である

という仮説を立てたとする．

そう思っていたところが，ある日 A が高価な買い物をしている現場を目撃したとしよう．そのときこちらとしてはどのような考えをするであろうか．

直ちに H_0 と否定してその反対の

$$H_1:\ \text{A は貧乏ではない}$$

という結論を採用するであろう．なぜならば，もし H_0 が正しければ，そのような高価な買い物をすることはないというのが常識であるからである．A が貧乏であるというのが正しければ，そのような行動をとることは起こりえないはずだからである．その H_0 のもとで起こりえないことがいま観察されたことになるから，そのような不都合な結論を導き出す H_0 は否定されなければならない．したがって，結果として H_1 を採用することになるであろう．このようにして A に関する知識を改善していくはずである．

逆に，もし A が貧しい身なりで町を歩いている場面を目撃したとしよう．そのとき，こちらとしてはどのような考えをするであろうか．

この観察は H_0 が正しいという前提では，何ら疑うことではない．貧乏である A の行動としては，自然なことで，起こりやすいことが起こっていることにすぎない．したがって，仮説 H_0 を否定する根拠にはなりえないはずである．したがって，現在の観察では H_0 を受け入れたままであろう．このとき，その反対の仮説 H_1 はもちろん否定されたままであろう．

われわれの日常の常識，知識はこのようにして漸次改良されていくはずである．最初の章で述べたように，火は熱く避けるべきもの，しかし上手に使えば，われわれの生活に必要不可欠なものであるというような生活の知恵も，このような連続した仮説の検定から導かれてきたものである．

しかし，このような仮説の検定は完全なるものとは限らない．たとえば，上の仮説 H_0：すべてのカラスは黒い，は反例が出れば，直ちにその否定は 100 %正しくなる．これは，この仮説の構成による．“すべての”という言葉が入っているからこうなる．だが一般には仮説 H_0 の否定，肯定いずれにしても誤りの含まれないものはない．

たとえば，上の例で仮説 H_0：A は貧乏である，は彼が高価な買い物をしているという観察によって否定されて対立の仮説 H_1 を採用することにしたのであるが，この

H_1 も 100 %正しい結論ではない．なぜならば，仮説 H_0 が正しいという仮定のもとでも，A は高価な買い物をすることはまれにではあるからである．また，逆に A がいくら貧しい身なりで町を歩いているところを観察したにしても，それだけで彼が貧しいという根拠はない．というのも，裕福な人も時折そのような貧しい身なりで町を歩くかもしれないからである．

つまり，仮説の検定はいずれの場合もある種の誤りの可能性は否定できないのである．

これも結局われわれ人間が有限であることに帰着する．無限の時間と無限の財政をもっていれば，つまり絶対的神の存在であれば，これは可能であるかもしれない．無限の時間と無限の費用をかけることができれば，A の“すべての“行動を観察することができるであろう．そうすれば，仮説 H_0 が否定されるか肯定されるかは，完全なる結論として導き出せるであろう．

つまり，仮説の検定はわれわれ人間の有限な立場からの無限の克服であるということができよう．

無限の時間と費用をかけることができないわれわれは，目の前に提示された一部の情報で，全体から規定されるべき結論をいかに効率よく引き出すかというところが，推測統計学の目的であるといえる．

さて，以上の観点から現在のテーマである母平均 μ の仮説の検定に移ろう．正規母集団からの標本確率変数 X_1，X_2，$\cdots$，X_n をもとに仮説 H_0：$\mu = \mu_0$ の検定を行う．このように最初に立てる仮説 H_0 を帰無仮説（null hypothesis）という．これに対してそれが否定されたときに採用される仮説として設定する仮説 H_1：$\mu \neq \mu_0$ を対立仮説（alternative hypothesis）という（対立仮説としては必ずしもこのような $\mu \neq \mu_0$ ばかりではないが，ここでは簡単のためにこのようにしておく）．

つまりここで，仮説の検定の手順 1 として帰無仮説，対立仮説を次のように設定する．

手順 1 仮説の設定

$$H_0:\ \mu = \mu_0, \quad H_1: \mu \neq \mu_0$$

ここでこの検定に関して，われわれ人間のできる基本的な立場を述べておこう．

まず母平均 μ の真の値であるが，これは正規母集団 $N(\mu, \sigma^2)$ の全体から規定される量であることに留意すべきである．仮想的にたとえると，もし母集団の中からすべての実現値をとり出し，これの相加平均をとれば μ の真の値はわかるであろう．これは，同種実験観測を無限回繰り返すことを意味する．したがって，われわれ人間には無理なことである．当然なことながら，仮説 H_0 の真否は完全には知りえない．

われわれが現実に，完全に知りえるのはその母集団からとられる有限個の標本，すなわち，標本確率変数の実現値 $x_1,\ x_2,\ \cdots,\ x_n$ だけである．つまり，全体で規定される μ の値をその一部分たるデータで検定しようとしているのである．

論理的にここに無理がある．したがって，推測統計学上の立場というのは，そういう意味で 100 %正しいものはできないから，少しの誤りを認めた上でやっていくにはどうしたら合理的かということを追求するのである．

それはどういうことか．一言でいえば，こうなる．確率 $\alpha = 0.01,\ 0.05$ をもつ事象はめったには起こらない，たまにしか起こらない，したがって，そのような現場を見たら，何かを疑わなければならないと解釈する．つまり，上の例でいえば，仮説 H_0 が正しければ，高価な買い物をすることはめったにないであろう，したがってそのようなことが起こっている現場を見たら，何かを疑わなければならないということである．

この確率 $P(W) = \alpha$ をもつ事象はめったに起こらないと解釈すること，これが仮説検定の基本的立場である．それに基づいて，次の手順として帰無仮説 H_0 のもとで，W となる事象を探すことになる．

手順 2 棄却域の設定

上に述べたように，われわれは完全無欠なる検定法はもちえない．そこで，ある程度の誤りを認めた上でこれを行う方法を模索することになる．この最初に許容される誤りの確率（これを危険率という）を設定する．これは普通 $\alpha = 0.01,\ 0.05$ にとる．以下の議論は $\alpha = 0.05$ の場合に限定して述べる．

そこで，まず帰無仮説 H_0 のもとで起こりにくい事象は何かを探す．仮説が正しければ母平均 $\mu = \mu_0$ であるから，母集団の分布は $N(\mu_0, \sigma^2)$ である．したがって定理 7.4 により，標本平均 $\overline{X}$ は $N(\mu_0, \sigma^2/n)$ なる正規分布にしたがう．よってこれを基準

化して

$$Z = \frac{\overline{X} - \mu_0}{\sigma/\sqrt{n}} \sim N(0,1)$$

がいえる．すなわち，分布表から

$$P\left(\left|\frac{\overline{X} - \mu_0}{\sigma/\sqrt{n}}\right| \geq 1.96\right) = 0.05$$

このことは次のことを意味している．ここに仮説検定のエッセンスがある．

仮説 H_0 が正しければ，$\overline{X}$ の実現値が次の領域 W に落ちることはめったにないということである．

$$W = \left\{\overline{x} \,\middle|\, \frac{(\overline{x} - \mu_0)\sqrt{n}}{\sigma} \leq -1.96\right\} \cup \left\{\overline{x} \,\middle|\, \frac{(\overline{x} - \mu_0)\sqrt{n}}{\sigma} \geq 1.96\right\}$$

この領域 W に $\overline{x}$ が入れば，H_0 の成立が危ぶまれることになるので，この領域 W を危険率 $\alpha = 0.05$ に対する棄却域（critical region）という．

ただし $\overline{x} \in W$ はまったく起こらないのではなく，少しは起こることに留意しておく必要がある．

手順 3 仮説の検定を行う．

統計量 $\overline{X}$ の実現値 $\overline{x}$ により次の 2 つの場合が考えられる．

(1) $\overline{x} \in W$ が起こった場合

この場合は帰無仮説 H_0 が正しいという仮定のもとで，めったに起こらないことがいま起こったことになるのであるから，そのような仮説 H_0 を棄却することになる．したがって対立仮説 H_1 を採用することになる．

(2) $\overline{x} \notin W$ が起こった場合

この場合は，帰無仮説 H_0 が正しいという仮定のもとで起こりにくいことが起こらなかったから，つまり起こりやすいことが起こったことであるから，何も疑う根拠がない．したがって，H_0 を採用することになるのである．

以上まとめれば，実現値 $\overline{x}$ が W にはいれば，否定され，入らなければ採用されることを意味する．

手順 4 誤りの確率を考える．

上に述べた通り仮説の検定は，母集団の一部から全体から規定される母係数を検定しているから，(1)，(2) のいずれの場合も 100 %正しい手続きは論理的にありえない．両ケースの場合にはそれぞれ種類の異なる誤りがある．

(1) の場合考えられる誤りは次の通りである．
帰無仮説 H_0 が真に正しいとき，これを否定する誤りである．当の仮説の真否は本当は，神でないわれわれにはわかりえないものである．このような誤りを第１種の誤り (the error of the first kind) といい，その確率を危険率，または有意水準（level of significance）という．危険率 α は次のような式で表される．

$$\alpha = P(\overline{X} \in W \mid H_0)$$

したがって，この場合は $\alpha = 0.05$ である．つまり，このような手順で検定を行えば，100 回中 5 回くらいは正しい仮説 H_0 を否定するという誤りをおかすことになる．この例のように，危険率 α とは，微小な確率の事象をめったに起こらないとみなしたそのものの確率が再現してくることになる．いかなる確率の事象をめったに起こらないとみなすかどうかが，危険率をどの程度に設定するかにかかわっている．普通は危険率としては，$\alpha = 0.05,\ 0.01$ にする．

(2) の場合に考えられる誤りは次の通りである．
帰無仮説が正しくないとき，これを採用する誤りである．この誤りを第２種の誤り(the error of the second kind) といいその確率を一般には β で表す．すなわち，

$$\beta = P(\overline{X} \notin W \mid \neg H_0),$$

ここで $\neg P$ は P の否定を意味する．

β の値は一般には計算できない．なぜならば，μ の真の値がわからないからである．もし真の値が $\mu = \mu_1$ であることがわかれば，次のようになる．

$$\beta = P\left(-1.96 \leq \frac{(\overline{X} - \mu_0)\sqrt{n}}{\sigma} \leq 1.96 \,\middle|\, \mu = \mu_1\right)$$

注意すべきは，

$$\frac{(\overline{X} - \mu_1)\sqrt{n}}{\sigma} \sim N(0, 1)$$

である．これにより，

$$\beta = P\left(-1.96 - \frac{(\mu_1-\mu_0)\sqrt{n}}{\sigma} \le Z \le 1.96 - \frac{(\mu_1-\mu_0)\sqrt{n}}{\sigma}\right)$$

$$Z = \frac{(\overline{X}-\mu_1)\sqrt{n}}{\sigma}$$

で与えられる．

以上が仮説の検定の手順である．基本的には，与えられた危険率に対してその棄却域をどう設定するかがすべてである．この棄却域の設定について次の 2 点を注意しておく．

注 7.1.2. 危険率 $\alpha = 0.01$ の場合の棄却域 W' の設定は，上の目盛り 1.96 を 2.576 に置き換えればよい．すなわち，危険率 1 %の棄却域は

$$W = \left\{\overline{x}\,\middle|\,\frac{(\overline{x}-\mu_0)\sqrt{n}}{\sigma} \le -2.576\right\} \cup \left\{\overline{x}\,\middle|\,\frac{(\overline{x}-\mu_0)\sqrt{n}}{\sigma} \ge 2.576\right\}$$

である．それは正規分布表の両側 1 %の目盛りからきている．

危険率 1 %が 5 %に比べて低いからこちらの検定がベターな検定であるかといえば，それはいえない．第 1 種の誤りをおかす確率は確かに 1 %の方が低いが，逆に第 2 種の誤りをおかす確率は高くなる．それは，棄却域について $W' \subset W$ であることから明らかである．

注 7.1.3. 危険率 α に対する棄却域 $W(\alpha)$ を設定する際，留意すべき点はまず第一にその確率が α の部分であるということである．そのために，統計量

$$Z = \frac{\overline{X}-\mu_0}{\sigma/\sqrt{n}}$$

が規準正規分布の密度関数

$$f(z) = \frac{1}{\sqrt{2\pi}}e^{-\frac{1}{2}z^2}$$

の両側の面積 α をもつ領域に入る確率を α 定めた，つまり $\alpha = 0.05$ に対して

$$W(\alpha) = \{Z \,|\, Z \le -1.96\} \cup \{Z \,|\, Z \ge 1.96\}$$

とした．このように左右両側に棄却域を設けたのはなぜであろうか．それはそうすることが，第 2 種の誤りをおこす確率が小さいからである．なぜならば，そのほかの面

積 α の領域に比較して区間の幅が広いからである．このことは密度関数のグラフが左右において X 軸に漸近的に近づいていることから明らかである．

以上の検定は対立仮説 $H_1 : \mu \neq \mu_0$ を帰無仮説 $H_0 : \mu = \mu_0$ で行うものであった．したがって，えられる結論は μ と μ_0 が有意な差があるかどうかであった．そのために，棄却域を両側に設けたものである．これに反して，必ずしも棄却域をそのように設けない場合もある．

たとえば，上と同じ状況にあるとき，μ の値が指定された μ_0 より大であるか，小であるかを検定の結果引き出したいときである．いま仮に，$\mu > \mu_0$ であるか否かに関心があるとしよう（反対の場合も同様である）．このような場合は，次の手順をふむ．

手順 1 仮説の設定

対立仮説が意味のある仮説であるからこの場合は次のような仮説を設定する．

$$H_0 : \mu = \mu_0, \quad H_1 : \mu > \mu_0$$

この場合，帰無仮説が上の両側検定と同じであることに注意．また本来帰無仮説自体はあまり実質的意味のない仮説である．文字通り無に帰したとき，すなわち，対立仮説こそが意味がある仮説であることに留意すべきである．

手順 2 棄却域の設定仮説 H_0 のもとで統計量

$$Z = \frac{(\overline{X} - \mu_0)\sqrt{n}}{\sigma}$$

が $N(0,1)$ にしたがう．このとき，危険率 $\alpha = 0.05$ の棄却域を設けなければならない．つまり確率 α の領域を設定しなければならない．換言すれば，規準正規分布の密度関数の曲線と x 軸の挟まれた部分の面積がちょうど α になる領域で，なるべく広い領域が良いことは上に述べた．

この場合の対立仮説を考えると，棄却域は数直線の負の部分に設定するのは意味がない．つまり，対立仮説が正しければ，Z のとりえる値は正とするのが一般的である．したがって，この場合の棄却域は次の通りとする．

$$W_r(0.05) = \{Z \mid Z \geq 1.645\}$$

この 1.645 の由来は次の積分による.

$$\int_{1.645}^{\infty} \frac{1}{\sqrt{2\pi}} e^{-\frac{1}{2}z^2} dz = 0.05$$

このように棄却域 $W_r(0.05)$ を x 軸の原点に関して右側にとるから，このような検定を右片側検定という.

なぜ，対立仮説 $H_1 : \mu > \mu_0$ に関する棄却域を右側にとるのであろうか.

それは，このような対立仮説の検定には左側は意味がないからである．対立仮説が正しいということは Z の値は，正になるのが普通である．これを，負になったから帰無仮説が否定されて対立仮説が採用されるとすることは，おかしいのである.

もう一度帰無仮説の意味を考えてみよう．帰無仮説は否定されたときに意味があるものである．したがって，棄却域としては，なるべく対立仮説が正しいときに起こりやすいところに設けることになる.

これを，卑近なたとえでいえば，泥棒を捕まえるための網は，彼が通りやすいところに張っておくのが常識だからである.

手順 **3** 仮説の検定を行う.

標本確率変数からその実現値をえて Z の実現値 $Z = z$ をえる.

もし，$z \geq 1.645$ であれば，帰無仮説 H_0 は棄却されて，対立仮説 H_1 が採用される．このとき，この H_1 は危険率 $\alpha = 0.05$ で有意であることになる．すなわち，$\mu > \mu_0$ は有意水準 $\alpha = 0.05$ で有意な結論であるということができる.

もし，$z < 1.645$ であれば，H_1 は有意な結論にはなりえないということになる.

このような検定も完全無欠なものではありえない．第 1 種の誤りの確率は危険率 $\alpha = 0.05$ である．第 2 種の誤りの確率も存在し，両側検定の場合と同様に表現される.

注 **7.1.4.** 上の右片側検定の危険率 α を 0.01 にすれば，その棄却域は 1.645 を 2.326 に置き換えればよい．したがって棄却域は

$$W_r(0.01) = \{Z \mid Z \geq 2.326\}$$

である.

注 7.1.5. 対立仮説が $H_1;\ \mu > \mu_0$ であるときには，帰無仮説 $H_0:\ \mu = \mu_0$ に対して危険率 $\alpha = 0.05,\ 0.01$ に対する棄却域は次の通りである．

$$W_l(0.05) = \{z \,|\, z \leq -1.645\}, \quad W_l(0.01) = \{z \,|\, z \leq -2.326\}$$

例 7.1.2. 昭和57年度共通一次試験の全教科1000点満点中の受験生の得点 X は正規分布 $N(620.00, 136.92^2)$ にしたがうことが判明した．ある高校の受験生の中から無作為に選んだ49名の平均値は660点であった．次の検定を危険率 $\alpha = 0.05$ で検定してみよう．ただし，全国の受験生とその高校の受験生の母分散は変化ないものとする．
(1) その高校の受験生の平均点は全国の平均と異なるといえるか．
(2) その高校の受験生の平均点は全国の平均より高いといえるか．

解答 (1) の場合，母集団からとられた標本確率変数 $X_1,\ X_2,\ \cdots,\ X_n$ は無作為に選ばれた49名の成績を表している．注意すべきは，この場合の母集団 $N(\mu, \sigma^2)$ はその高校の全受験生の成績の分布となるから，一般には全国の正規母集団 $N(620.00, 136.92^2)$ とは異なる．ただ標準偏差は仮定により全国と同じと見てよい．そこで，$\sigma = 136.92$ とおける．そこで，この (1) の場合に検定したいことは，高校の母平均 μ が全国の母平均620.00と同じであるか否かということである．そこで帰無仮説と対立仮説を

$$H_0 : \mu = \mu_0 = 620.00, \quad H_1 : \mu \neq 620.00$$

と立てる．このとき統計量 Z の実現値を求めると

$$z = \frac{\overline{X} - \mu_0}{\sigma/\sqrt{n}} = \frac{(660 - 620)\sqrt{49}}{136.92} = 2.04$$

である．これは棄却域の中にあるから，H_0 を棄却して，H_1 を採用する．すなわち，全国平均を異なるとみなせることになる．

(2) 高いといえるかということを知りたいので，次のような片側検定のための仮説を設定する．

$$H_0 : \mu = 620.00, \quad H_1 : \mu > 620.00$$

このとき統計量の実現値は $z = 2.04$ である．これは1.645より大であるから，棄却域に入っている．したがって，対立仮説 H_1 は採用される．結論として，危険率5％で全国平均より高いことがいえる．

7.2 ２組の標本確率変数

定理 7.5. 互いに独立な２組の標本確率変数 X_1, X_2, $\cdots$, X_n; Y_1, Y_2, $\cdots$, Y_m がそれぞれ正規分布 $N(\mu_x, \sigma_x^2)$, $N(\mu_y, \sigma_y^2)$ にしたがっていれば，$\overline{X} - \overline{Y}$ は $N(\mu_x - \mu_y, \sigma_x^2/n + \sigma_y^2/m)$ にしたがう.

証明　定理 7.4 により

$$\overline{X} \sim N(\mu_x, \frac{\sigma_x^2}{n}),\ \overline{Y} \sim N(\mu_y, \frac{\sigma_y^2}{m})$$

がいえる．さらに定理 7.3 により

$$\overline{X} - \overline{Y} \sim N(\mu_x - \mu_y, \frac{\sigma_x^2}{n} + \frac{\sigma_y^2}{m})$$

がいえる.

応用 1　$\mu_x - \mu_y$ の区間推定（ただし σ_x, σ_y は既知）

互いに独立な標本確率変数 X_1, X_2, $\cdots$, X_n; Y_1, Y_2, $\cdots$, Y_m がそれぞ t れ正規分布 $N(\mu_x, \sigma_x^2)$, $N(\mu_y, \sigma_y^2)$ にしたがっているとする．このとき，母平均の差 $\mu_x - \mu_y$ の区間推定を行ってみる．ただし，母分散 σ_x^2, σ_y^2 は既知とする.

定理 7.3，系 5.2 により

$$Z = \frac{(\overline{X} - \overline{Y}) - (\mu_x - \mu_y)}{\sqrt{\frac{\sigma_x^2}{n} + \frac{\sigma_y^2}{m}}} \sim N(0, 1)$$

であるから

$$P(-1.96 \leq Z \leq 1.96) = 0.95$$

がいえる．したがってこれを $\mu_x - \mu_y$ について書き改めると

$$P\left(\overline{X} - \overline{Y} - 1.96\sqrt{\frac{\sigma_x^2}{n} + \frac{\sigma_y^2}{m}} \leq \mu_x - \mu_y \leq \overline{X} - \overline{Y} + 1.96\sqrt{\frac{\sigma_x^2}{n} + \frac{\sigma_y^2}{m}}\right) = 0.95$$

がえられる．つまり，未知数の範囲はこの区間にあるとすれば，95 %正しいといえる．よって，$\overline{X}$, $\overline{Y}$ の実現値を $\overline{x}$, $\overline{y}$ とすれば，区間

$$\left[\overline{x} - \overline{y} - 1.96\sqrt{\frac{\sigma_x^2}{n} + \frac{\sigma_y^2}{m}}, \overline{x} - \overline{y} + 1.96\sqrt{\frac{\sigma_x^2}{n} + \frac{\sigma_y^2}{m}}\right]$$

が信頼度 0.95 の信頼区間である.

例 **7.2.1.** ある製品の製法 A, B による 1 個当たりのある物質の含有量に差があるかどうかを調べるために，両方で作られた製品 1 個当たりの含有量を調べたら以下のようになった．それぞれの製法による含有量 μ_A，μ_B の差を信頼度 0.95 の信頼区間を求めよ．ただし，それぞれの母集団の標準偏差は 0.5，1.0 であることが過去のデータからわかっているとする．

A 法：6.2　7.5　7.7　7.3　8.1　8.3　8.2　7.6　7.9

B 法：4.2　5.5　8.3　5.7　5.3　6.1　6.3　6.2　5.6 (mg)

解答 A，B 法の標本平均値は $\overline{x_A} = 7.64$，$\overline{x_B} = 5.91$ である．$n = m = 9$，$\sigma_A = 0.5$，$\sigma_B = 1.0$ を代入すれば

$$\overline{x_A} - \overline{x_B} - 1.96\sqrt{\frac{\sigma_A^2}{n} + \frac{\sigma_A^2}{m}} = 1.00,\ \overline{x_A} - \overline{x_B} + 1.96\sqrt{\frac{\sigma_A^2}{n} + \frac{\sigma_A^2}{m}} = 2.46$$

よって信頼区間は $[1.00, 2.46]$(mg) である．

応用 2　$\mu_x - \mu_y$ の検定（ただし σ_x，σ_y は既知）

応用 1 の場合と同じ条件で次の仮説の危険率 0.05 の検定法を考える．

$$H_0:\ \mu_x = \mu_y, \quad H_1:\ \mu_x \neq \mu_y$$

帰無仮説 H_0 のもとでは $\overline{X} - \overline{Y}$ は正規分布 $N(0, \sqrt{\sigma_x^2/n + \sigma_y^2/m})$ にしたがうから，

$$Z = \frac{\overline{X} - \overline{Y}}{\sqrt{\frac{\sigma_x^2}{n} + \frac{\sigma_y^2}{m}}} \sim N(0, 1)$$

よって

$$P\left(\left|\frac{\overline{X} - \overline{Y}}{\sqrt{\frac{\sigma_x^2}{n} + \frac{\sigma_y^2}{m}}}\right| \geq 1.96\right) = 0.05$$

となる，仮説 H_0 のもとでは (　) 内の事象はめったに起こらないことに解釈される．したがって，もし $\overline{X}, \overline{Y}$ の実現値 $\overline{x}$，$\overline{y}$ に対して

(1) もし $|\overline{x} - \overline{y}|/\sqrt{\sigma_x^2/n + \sigma_y^2/m} \geq 1.96$ であれば，仮説 H_0 は棄却され SH_1 が採用される．このときに有意水準は 0.05 である．

(2) もし $|\overline{x} - \overline{y}|/\sqrt{\sigma_x^2/n + \sigma_y^2/m} < 1.96$ であれば，起きやすいことが起きただけであるから，仮説 H_0 は否定されない．

以上の検定の第 1 種の誤りをおかす確率は 0.05 である．第 2 種の誤りをおかす確率 β は次の通りである．ただし，$\mu_x - \mu_y = b$ が与えられた場合のことである．

$$\beta = P\left(\frac{|\overline{X} - \overline{Y}|}{\sqrt{\frac{\sigma_x^2}{n} + \frac{\sigma_y^2}{m}}} < 1.96 \,|\, \mu_x - \mu_y = b\right)$$
$$= P\left(-1.96 - \frac{b}{\sqrt{\frac{\sigma_x^2}{n} + \frac{\sigma_y^2}{m}}} < Z < 1.96 - \frac{b}{\sqrt{\frac{\sigma_x^2}{n} + \frac{\sigma_y^2}{m}}}\right)$$

ただし，

$$Z = \frac{\overline{X} - \overline{Y} - b}{\sqrt{\frac{\sigma_x^2}{n} + \frac{\sigma_y^2}{m}}}$$

例 **7.2.2.** ある製品の α 成分の含有量が製造元 A, B 両社で異なるかどうかを調べるために，両社の製品をそれぞれ 9 個ずつとって調べたところ次のようであった．この検査から

(1) 両社に差があるといえるかどうかを有意水準 0.05 で検定せよ．

(2) A 社の方が社 B より大といえるかを有意水準 0.05 で検定せよ．

ただし，両社の含有量の標準偏差はそれぞれ 3，4 であるとする．

A 社	147	149	152	148	149	145	154	156	154
B 社	148	149	144	140	139	145	137	151	148

解答

(1) A, B 社の製品中の α 成分の含有量を μ_A, μ_B として仮説を次のように立てる．

$$H_0 : \mu_A = \mu_B, \quad H_1 : \mu_A \neq \mu_B$$

このとき $\overline{X} = 150.4$, $\overline{Y} = 144.6$ であるから

$$Z = \frac{\overline{X} - \overline{Y}}{\sqrt{\frac{\sigma_A^2}{n} + \frac{\sigma_B^2}{m}}} = 3.48 > 1.96$$

となる．したがって，棄却域に入っているから仮説 H_0 は棄却され，H_1 が採用される．

(2) 仮説を次のように設定する．

$$H_0 : \mu_A = \mu_B, \quad H_1 : \mu_A > \mu_B$$

上と同じく $Z = 3.48$ であるからこれは 1.645 より大である．したがって，H_1 が採用される．有意水準 0.05 で A 社の方が B 社より大であるといえる．

8 χ^2-分布にしたがう統計量

8.1 ガンマ関数とベータ関数

χ^2-分布，F-分布，t-分布の定義に使われるガンマ，ベータ関数について触れておく．

これらの関数は無限積分で定義される関数である．その無限積分の収束性は解析学の初歩的事項であるのでここでは触れない．

定義 8.1. 無限積分

$$\Gamma(\alpha) = \int_0^\infty x^{\alpha-1} e^{-x} dx$$

を α の関数と見て，これをガンマ関数という．

定理 8.1. $\alpha > 0$ に対して

$$\Gamma(\alpha+1) = \alpha\Gamma(\alpha)$$

が成り立つ．特に $n \in \mathbb{N}$ に対して

$$\Gamma(n+1) = n!, \quad \Gamma\left(\frac{1}{2}\right) = \sqrt{\pi}$$

である．

証明 部分積分により

$$\begin{aligned}\Gamma(\alpha+1) &= \int_0^\infty x^\alpha e^{-x} dx \\ &= \left[-x^\alpha e^{-x}\right]_0^\infty + \alpha \int_0^\infty x^{\alpha-1} e^{-x} dx \\ &= 0 + \alpha\Gamma(\alpha)\end{aligned}$$

また $\alpha = 0$ の場合は

$$\Gamma(1) = \int_0^\infty e^{-x} dx = \left[-e^{-x}\right]_0^\infty = 1$$

であるから

$$\Gamma(n+1) = n\Gamma(n) = n(n-1)\Gamma(n-1) = n!\Gamma(1) = n!$$

である．定義から

$$\Gamma\left(\frac{1}{2}\right) = \int_0^\infty x^{-\frac{1}{2}} e^{-x} dx$$

ここで $x = t^2$ と変数変換すれば

$$\Gamma\left(\frac{1}{2}\right) = 2\int_0^\infty e^{-t^2} dt = \sqrt{\pi}$$

である．

定義 8.2. 定積分

$$B(\alpha, \beta) = \int_0^1 x^{\alpha-1}(1-x)^{\beta-1} dx$$

は α, $\beta > 0$ に対して定まった値をもつことが知られている．これを 2 変数 α, β の関数と見て，ベータ関数という．

次の性質はベータ関数とガンマ関数の関係を述べたものである．

定理 8.2.

$$B(\alpha, \beta) = B(\beta, \alpha) = \frac{\Gamma(\alpha)\Gamma(\beta)}{\Gamma(\alpha+\beta)}$$

が成り立つ．

証明 最初の等式は $1 - x = y$ と置き換える．

$$\begin{aligned} B(\alpha, \beta) &= \int_0^1 x^{\alpha-1}(1-x)^{\beta-1} dx = -\int_1^0 (1-y)^{\alpha-1} y^{\beta-1} dy \\ &= \int_0^1 y^{\beta-1}(1-y)^{\alpha-1} dy = B(\beta, \alpha) \end{aligned}$$

次の等式は $x = u^2$, $y = v^2$ と置き換える．$dx = 2udu$, $dy = 2vdv$ であるから

$$\begin{aligned} \Gamma(\alpha)\Gamma(\beta) &= \int_0^\infty x^{\alpha-1} e^{-x} dx \int_0^\infty y^{\beta-1} e^{-y} dy \\ &= 4\int_0^\infty u^{2\alpha-1} e^{-u^2} du \int_0^\infty v^{2\beta-1} e^{-v^2} dv \\ &= 4\int_0^\infty \int_0^\infty u^{2\alpha-1} v^{2\beta-1} e^{-(u^2+v^2)} du dv \end{aligned}$$

ここで極座標変換

$$u = r\cos\theta, \quad v = r\sin\theta$$

を行う．$dudv = rdrd\theta$ であるから

$$\begin{aligned}\Gamma(\alpha)\Gamma(\beta) &= 4\int_0^{\frac{\pi}{2}}\int_0^{\infty} r^{2\alpha-1}(\cos\theta)^{2\alpha-1}r^{2\beta-1}(\sin\theta)^{2\beta-1}e^{-r^2}rdrd\theta \\ &= 4\int_0^{\frac{\pi}{2}}(\cos\theta)^{2\alpha-1}(\sin\theta)^{2\beta-1}d\theta\int_0^{\infty} r^{2(\alpha+\beta)-1}e^{-r^2}dr\end{aligned}$$

ここで $x = (\sin\theta)^2$ とおけば

$$2\int_0^{\frac{\pi}{2}}(\cos\theta)^{2\alpha-1}(\sin\theta)^{2\beta-1}d\theta = \int_0^1 x^{\beta-1}(1-x)^{\alpha-1}dx = B(\beta,\alpha)$$

また $t = r^2$ とおけば

$$2\int_0^{\infty} r^{2(\alpha+\beta)-1}e^{-r^2}dr = \int_0^{\infty} t^{\alpha+\beta-1}e^{-t}dt = \Gamma(\alpha+\beta)$$

よって

$$\Gamma(\alpha)\Gamma(\beta) = B(\alpha,\beta)\Gamma(\alpha+\beta)$$

をえる．

8.2　χ^2-分布の基本的性質

χ^2-分布とは，正規母集団からの標本確率変数の作る統計量の分布の 1 つである．

定義 8.3. 連続的確率変数 X の密度関数が

$$f(x) = \frac{1}{\Gamma\left(\frac{\nu}{2}\right)2^{\frac{\nu}{2}}}e^{-\frac{x}{2}}x^{\frac{\nu}{2}-1}, \quad x > 0$$

で与えられるとき，この分布を自由度 ν の χ^2-分布といい，$X = \chi^2_\nu$ と書く．

χ^2-分布の密度関数は次の通りである．

χ^2-分布に対しては次の分布表が作成してある．

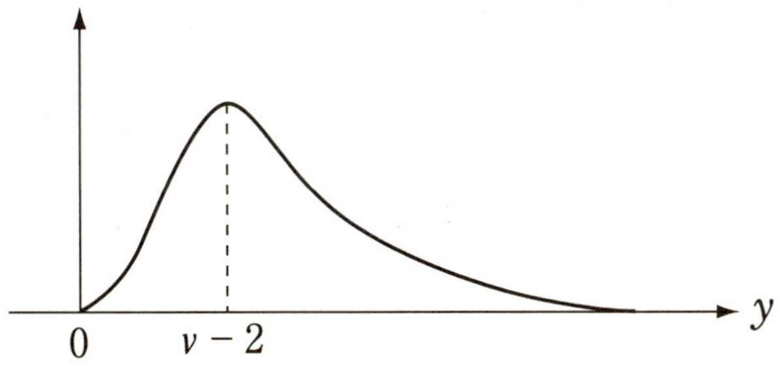

図 8.1 χ^2-分布の密度関数

自由度 ν の χ^2-分布にしたがう確率変数 X に対して

$$P(X \geq a) = \int_a^\infty \frac{1}{\Gamma\left(\frac{\nu}{2}\right) 2^{\frac{\nu}{2}}} e^{-\frac{x}{2}} x^{\frac{\nu}{2}-1} dx = \alpha$$

なる a を $a = \chi^2_\nu(\alpha)$ と書き，与えられた ν と α に対して付表の χ^2-分布表から求める．

定理 8.3. $Z \sim N(0,1) \Longrightarrow Z^2 = \chi^2_1$.

証明　$Y = Z^2$ とおき，任意の a, b, $a < b$ に対して確率 $P(a < Y \leq b)$ を計算する．

$$\begin{aligned} P(a < Y \leq b) &= P(\sqrt{a} < Z \leq \sqrt{b}) + P(-\sqrt{b} \leq Z < -\sqrt{a}) \\ &= 2P(\sqrt{a} < Z \leq \sqrt{b}) \\ &= 2\int_{\sqrt{a}}^{\sqrt{b}} \frac{1}{\sqrt{2\pi}} e^{-\frac{z^2}{2}} dz \end{aligned}$$

ここで $y = z^2$ と変数変換すれば，$dy = 2zdz$, $z = \sqrt{y}$ であるから積分は

$$P(a < Y \leq b) = \int_a^b \frac{1}{\sqrt{2\pi}} e^{-\frac{y}{2}} y^{-\frac{1}{2}} dy$$

すなわち，Y の密度関数は

$$f(y) = \frac{1}{\sqrt{2\pi}} e^{-\frac{y}{2}} y^{-\frac{1}{2}}$$

となり，これは自由度 1 の χ^2-分布の密度関数である．

定理 8.4. 独立な確率変数 X, Y がそれぞれ自由度 ν_1, ν_2 の χ^2-分布にしたがえば，$U = X + Y$ は自由度 $\nu_1 + \nu_2$ の χ^2-分布にしたがう．すなわち，$\chi^2_{\nu_1} + \chi^2_{\nu_2} = \chi^2_{\nu_1+\nu_2}$.

証明 定理 7.1 により U の密度関数 $f_U(u)$ は次で与えられる．

$$f_U(u) = \int_{-\infty}^{\infty} \frac{1}{\Gamma\left(\frac{\nu_1}{2}\right) 2^{\frac{\nu_1}{2}}} e^{-\frac{u-y}{2}} (u-y)^{\frac{\nu_1}{2}-1} \frac{1}{\Gamma\left(\frac{\nu_2}{2}\right) 2^{\frac{\nu_2}{2}}} e^{-\frac{y}{2}} y^{\frac{\nu_2}{2}-1} dy$$
$$= \frac{e^{-\frac{u}{2}}}{\Gamma\left(\frac{\nu_1}{2}\right)\Gamma\left(\frac{\nu_2}{2}\right) 2^{\frac{\nu_1+\nu_2}{2}}} \int_0^u y^{\frac{\nu_2}{2}-1}(u-y)^{\frac{\nu_1}{2}-1} dy, \quad (0 < u < \infty)$$

ここで

$$y = u\sin^2\theta$$

と変数変換すれば

$$dy = 2u\sin\theta\cos\theta d\theta$$

であるから

$$f_U(u) = \frac{e^{-\frac{u}{2}} u^{\frac{\nu_1+\nu_2}{2}-1}}{\Gamma\left(\frac{\nu_1}{2}\right)\Gamma\left(\frac{\nu_2}{2}\right) 2^{\frac{\nu_1+\nu_2}{2}}} \int_0^{\frac{\pi}{2}} 2\sin^{\nu_2-1}\theta\cos^{\nu_1-1}\theta d\theta$$

この積分部分を定数 C とおけば

$$f_U(u) = \frac{C}{\Gamma\left(\frac{\nu_1}{2}\right)\Gamma\left(\frac{\nu_2}{2}\right) 2^{\frac{\nu_1+\nu_2}{2}}} e^{-\frac{u}{2}} u^{\frac{\nu_1+\nu_2}{2}-1}, \quad 0 < u < \infty$$

$f_U(u)$ は連続的密度関数であるから

$$(*) \qquad \int_0^{\infty} f_U(u)du = \frac{C}{\Gamma\left(\frac{\nu_1}{2}\right)\Gamma\left(\frac{\nu_2}{2}\right) 2^{\frac{\nu_1+\nu_2}{2}}} \int_0^{\infty} e^{-\frac{u}{2}} u^{\frac{\nu_1+\nu_2}{2}-1} du = 1$$

これより C を求めるために，$u/2 = v$ と変数変換すれば $du = 2dv$ であるから

$$\int_0^{\infty} e^{-\frac{u}{2}} u^{\frac{\nu_1+\nu_2}{2}-1} du = \int_0^{\infty} e^{-v}(2v)^{\frac{\nu_1+\nu_2}{2}-1} 2dv$$
$$= 2^{\frac{\nu_1+\nu_2}{2}} \int_0^{\infty} e^{-v} v^{\frac{\nu_1+\nu_2}{2}-1} dv$$
$$= 2^{\frac{\nu_1+\nu_2}{2}} \Gamma\left(\frac{\nu_1+\nu_2}{2}\right)$$

これを $(*)$ に代入して

$$\frac{C}{\Gamma\left(\frac{\nu_1}{2}\right)\Gamma\left(\frac{\nu_2}{2}\right) 2^{\frac{\nu_1+\nu_2}{2}}} 2^{\frac{\nu_1+\nu_2}{2}} \Gamma\left(\frac{\nu_1+\nu_2}{2}\right) = 1$$

これを C について解けば

$$C = \frac{\Gamma\left(\frac{\nu_1}{2}\right)\Gamma\left(\frac{\nu_2}{2}\right)}{\Gamma\left(\frac{\nu_1+\nu_2}{2}\right)}$$

これを $f_U(u)$ に代入して最終的に

$$f_U(u) = \frac{1}{\Gamma\left(\frac{\nu_1+\nu_2}{2}\right)2^{\frac{\nu_1+\nu_2}{2}}}e^{-\frac{u}{2}}u^{\frac{\nu_1+\nu_2}{2}-1}$$

ゆえに $U = \chi^2_{\nu_1+\nu_2}$ である．

系 8.1. X_1, X_2, $\cdots$, X_n を正規母集団 $N(\mu, \sigma^2)$ からの標本確率変数とすれば

$$\frac{1}{\sigma^2}\sum_{i=1}^{n}(X_i-\mu)^2$$

は自由度 n の χ^2-分布にしたがう．

証明　定理 8.3 により，各 i について

$$\frac{(X_i-\mu)^2}{\sigma^2} = \chi^2_1$$

かつ，これらは独立であるから上の定理 8.4 を使って結論をえる．

定理 8.5. 正規母集団 $N(\mu, \sigma^2)$ からの標本確率変数 X_1, X_2, $\cdots$, X_n に対して

$$Y = \frac{\sum_{i=1}^{n}(X_i-\overline{X})^2}{\sigma^2} = \frac{nS^2}{\sigma^2}$$

は自由度 $n-1$ の χ^2-分布にしたがう．すなわち，$Y = \chi^2_{n-1}$ である．また Y と $\overline{X}$ は互いに独立である．

証明　最初に正規分布が規準正規分布の場合に証明する．

標本確率変数 X_1, X_2, $\cdots$, X_n は $N(0,1)$ にしたがうと仮定する．ここで次のような直交変換を行い確率変数 Y_1, Y_2, $\cdots$, Y_n を定義する．

$$\begin{aligned}
Y_1 &= l_{11}X_1 + l_{12}X_2 + \cdots + l_{1n}X_n \\
&\cdots\cdots \\
Y_{n-1} &= l_{n-11}X_1 + l_{n-12}X_2 + \cdots + l_{n-1n}X_n \\
Y_n &= \frac{1}{\sqrt{n}}(X_1 + X_2 + \cdots + X_n)
\end{aligned}$$

このような係数の作る直交行列が存在することは明らかである．このとき

$$
\begin{aligned}
Y &= \sum_{i=1}^{n}(X_i - \overline{X})^2 = \sum_{i=1}^{n} X_i^2 - n\overline{X}^2 = \sum_{i=1}^{n} Y_i - Y_n^2 \\
&= Y_1^2 + Y_2^2 + \ \cdots \ + Y_{n-1}^2
\end{aligned}
$$

$(X_1, X_2, \cdots, X_n)$, $(Y_1, Y_2, \cdots, Y_n)$ の確率密度関数を $f(x_1, x_2, \cdots, x_n)$, $g(y_1, y_2, \cdots, y_n)$ とおけば，これらの間には

$$
f(x_1,\ x_2,\ \cdots,\ x_n) = g(y_1,\ y_2,\ \cdots,\ y_n)\left|\frac{\partial(y_1,\ y_2,\ \cdots,\ y_n)}{\partial(x_1,\ x_2,\ \cdots,\ x_n)}\right|
$$

この変換のヤコビアンは上の直交行列の行列式であるから

$$
\left|\frac{\partial(y_1,\ y_2,\ \cdots,\ y_n)}{\partial(x_1,\ x_2,\ \cdots,\ x_n)}\right| = 1
$$

である．一方 X_1, X_2, $\cdots$, X_n は $N(0,1)$ からの標本確率変数であるから

$$
f(x_1,\ x_2,\ \cdots,\ x_n) = \prod_{i=1}^{n} \frac{1}{\sqrt{2\pi}} e^{-\frac{x_i^2}{2}} = \frac{1}{(\sqrt{2\pi})^n} e^{-\frac{1}{2}\sum_{i=1}^{n} x_i^2}
$$

直交行列の性質から

$$
X_1^2 + X_2^2 + \cdots + X_n^2 = Y_1^2 + Y_2^2 + \cdots + Y_n^2
$$

である．したがって

$$
\begin{aligned}
g(y_1,\ y_2,\ \cdots,\ y_n) &= \frac{1}{(\sqrt{2\pi})^n} e^{-\frac{1}{2}\sum_{i=1}^{n} x_i^2} = \frac{1}{(\sqrt{2\pi})^n} e^{-\frac{1}{2}\sum_{i=1}^{n} y_i^2} \\
&= \prod_{i=1}^{n} \frac{1}{\sqrt{2\pi}} e^{-\frac{y_i^2}{2}}
\end{aligned}
$$

これは Y_1, Y_2, $\cdots$, Y_n が独立ですべて $N(0,1)$ にしたがうことを意味している．

$$
Y = Y_1^2 + Y_2^2 + \ \cdots \ + Y_{n-1}^2
$$

であるから，定理 8.4 より $Y = \chi_{n-1}^2$ である．一方

$$
Y_n^2 = n\overline{X}^2
$$

であるから，これと Y との独立性は明らかである．ゆえに規準正規分布の場合は定理は成り立つ．

次に母集団が $N(\mu, \sigma^2)$ の場合を考える．

$$Z_i = \frac{X_i - \mu}{\sigma} \quad (i = 1, 2, \cdots, n)$$

とおけば各 i について $Z_i \sim N(0,1)$ である．さらに各 i について

$$\overline{Z} = \frac{1}{n}\sum_{i=1}^{n} Z_i = \frac{\overline{X} - \mu}{\sigma}, \quad \frac{X_i - \overline{X}}{\sigma} = Z_i - \overline{Z}$$

がいえるから

$$Y = \frac{1}{\sigma^2}\sum_{i=1}^{n}(X_i - \overline{X})^2 = \sum_{i=1}^{n}(Z_i - \overline{Z})^2$$

ゆえに上の証明から $Y = \chi^2_{n-1}$ である．独立性も明らかである．

定理 8.6. X が自由度 n の χ^2-分布にしたがうならば，$E(X) = n$, $V(X) = 2n$ である．

証明

$$\begin{aligned} E(X) &= \int_0^\infty x \frac{1}{\Gamma\left(\frac{n}{2}\right) 2^{\frac{n}{2}}} e^{-\frac{x}{2}} x^{\frac{n}{2}-1} dx \\ &= \frac{1}{\Gamma\left(\frac{n}{2}\right) 2^{\frac{n}{2}}} \int_0^\infty e^{-\frac{x}{2}} x^{\frac{n}{2}} dx \end{aligned}$$

ここで $x/2 = y$ と変換すれば $dx = 2dy$ であるから

$$\begin{aligned} E(X) &= \frac{1}{\Gamma\left(\frac{n}{2}\right) 2^{\frac{n}{2}}} \int_0^\infty e^{-y}(2y)^{\frac{n}{2}} 2dy \\ &= \frac{2}{\Gamma\left(\frac{n}{2}\right)} \int_0^\infty e^{-y} y^{\frac{n+2}{2}-1} dy \\ &= \frac{2}{\Gamma\left(\frac{n}{2}\right)} \Gamma\left(\frac{n}{2}+1\right) = \frac{2\frac{n}{2}\Gamma\left(\frac{n}{2}\right)}{\Gamma\left(\frac{n}{2}\right)} = n \end{aligned}$$

$$V(X) = E(X^2) - E(X)^2$$

の右辺の第 1 項を求める．

$$\begin{aligned} E(X^2) &= \int_0^\infty x^2 \frac{1}{\Gamma\left(\frac{n}{2}\right) 2^{\frac{n}{2}}} e^{-\frac{x}{2}} x^{\frac{n}{2}-1} dx \\ &= \frac{1}{\Gamma\left(\frac{n}{2}\right) 2^{\frac{n}{2}}} \int_0^\infty e^{-\frac{x}{2}} x^{\frac{n}{2}+1} dx \end{aligned}$$

ここで $x/2=y$ と変換すれば $dx=2dy$ であるから

$$
\begin{aligned}
E(X^2) &= \frac{1}{\Gamma\left(\frac{n}{2}\right)2^{\frac{n}{2}}}\int_0^\infty e^{-y}(2y)^{\frac{n}{2}+1}2dy \\
&= \frac{2^2}{\Gamma\left(\frac{n}{2}\right)}\int_0^\infty e^{-y}y^{\left(\frac{n}{2}+2\right)-1}dy \\
&= \frac{2^2\Gamma\left(\frac{n}{2}+2\right)}{\Gamma\left(\frac{n}{2}\right)} = \frac{2^2\left(\frac{n}{2}+1\right)\left(\frac{n}{2}\right)\Gamma\left(\frac{n}{2}\right)}{\Gamma\left(\frac{n}{2}\right)} \\
&= n(n+2)
\end{aligned}
$$

ゆえに

$$V(X)=n(n+2)-n^2=2n$$

をえる．

系 **8.2.** X_1，X_2，$\cdots$，X_n を正規母集団 $N(\mu,\sigma^2)$ からの標本確率変数とすると，

$$U^2=\frac{1}{n-1}\sum_{i=1}^{n}(X_i-\overline{X})^2$$

に対して $E(U^2)=\sigma^2$ である．

証明　定理 8.5 により $nS^2/\sigma^2=\chi^2_{n-1}$ である．すなわち，

$$E\left(\frac{nS^2}{\sigma^2}\right)=n-1$$

これより

$$E\left(\frac{nS^2}{n-1}\right)=E(U^2)=\sigma^2$$

をえる．

8.3 χ^2-分布の応用

応用 **1**　σ^2 の区間推定

正規母集団 $N(\mu,\sigma^2)$ からとられた標本確率変数 X_1，X_2，$\cdots$，X_n を用いて母分散 σ^2 の区間推定を行う．定理 8.5 により統計量 nS^2/σ^2 は自由度 $n-1$ の χ^2-分布にし

たがう．χ^2-分布より，信頼係数 $1-\alpha$ に対して，次の式が成り立つ．

$$P\left(\chi^2_{n-1}\left(\frac{\alpha}{2}\right) \leq \frac{nS^2}{\sigma^2}\right) = \frac{\alpha}{2}$$
$$P\left(\chi^2_{n-1}\left(1-\frac{\alpha}{2}\right) \geq \frac{nS^2}{\sigma^2}\right) = \frac{\alpha}{2}$$

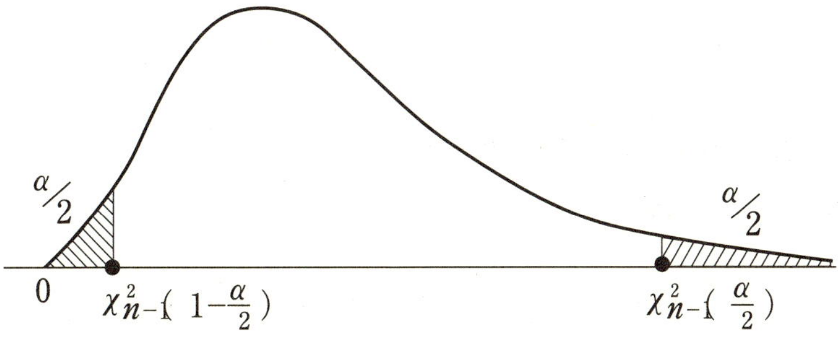

図 8.2 σ^2 の区間推定

したがって

$$P\left(\chi^2_{n-1}\left(1-\frac{\alpha}{2}\right) \leq \frac{nS^2}{\sigma^2} \leq \chi^2_{n-1}\left(\frac{\alpha}{2}\right)\right) = 1-\alpha$$

これを σ^2 について変形すれば

$$P\left(\frac{nS^2}{\chi^2_{n-1}\left(\frac{\alpha}{2}\right)} \leq \sigma^2 \leq \frac{nS^2}{\chi^2_{n-1}\left(1-\frac{\alpha}{2}\right)}\right) = 1-\alpha$$

この結果，X_1, X_2, $\cdots$, X_n の実現値 x_1, x_2, $\cdots$, x_n に対して S^2 の実現値 s^2 を計算して，σ^2 の信頼度 $1-\alpha$ の信頼区間

$$\left[\frac{ns^2}{\chi^2_{n-1}\left(\frac{\alpha}{2}\right)}, \frac{ns^2}{\chi^2_{n-1}\left(1-\frac{\alpha}{2}\right)}\right]$$

を求めることができた．

応用 2　σ^2 の仮説検定

正規母集団 $N(\mu, \sigma^2)$ からの標本確率変数 X_1, X_2, $\cdots$, X_n を用いて σ^2 に関する仮説の検定を行うことができる．

いま帰無仮説と対立仮説を次のように定め，危険率を α とする．

$$H_0:\ \sigma^2 = \sigma_0^2,\quad H_1:\ \sigma^2 \neq \sigma_0^2$$

帰無仮説 H_0 が正しいという仮定のもとで，応用 1 の議論から，領域 W を次のように定める．

$$W = \left\{ \frac{nS^2}{\sigma_0^2} \,\middle|\, \frac{nS^2}{\sigma_0^2} \leq \chi^2_{n-1}\left(1 - \frac{\alpha}{2}\right) \text{ または } \frac{nS^2}{\sigma_0^2} \geq \chi^2_{n-1}\left(\frac{\alpha}{2}\right) \right\}$$

と明らかに

$$P\left(\frac{nS^2}{\sigma_0^2} \in W \middle| H_0\right) = \alpha$$

である．

したがって，これから次の手順が出てくる．

(1) もし S^2 の実現値 s^2 に対して

$$\frac{ns^2}{\sigma_0^2} \leq \chi^2_{n-1}\left(1 - \frac{\alpha}{2}\right) \text{ または } \frac{ns^2}{\sigma_0^2} \geq \chi^2_{n-1}\left(\frac{\alpha}{2}\right)$$

であれば，仮説 H_0 を棄却して，H_1 を採用する．

(2) もし

$$\chi^2_{n-1}\left(1 - \frac{\alpha}{2}\right) < \frac{ns^2}{\sigma_0^2} < \chi^2_{n-1}\left(\frac{\alpha}{2}\right)$$

であれば，仮説 H_0 を採用する．

その理由は正規分布の μ に関する検定で述べた通りである．

注 8.3.1. もし対立仮説 H_1 を片側にした場合，すなわち，

$$H_1:\ \sigma^2 > \sigma_0^2 \text{ または } H_1:\ \sigma^2 < \sigma_0^2$$

の場合は，棄却域を片側にすればよい．

注 8.3.2. $N(\mu, \sigma^2)$ の母平均 μ が既知の場合は，統計量として

$$\frac{\sum_{i=1}^{n}(X_i - \mu)^2}{\sigma^2} = \chi^2_n$$

を使ってもよい．ただし，この場合は自由度は n のままである（系 8.1）．

例 8.3.1. 従来の製法による薬 1 錠当たりの重さは母分散 σ^2 は 2.4^2 (g^2) の正規分布にしたがって製造されてきた．ここで他の製法に切り換えたところ，期待値は同じであるが，ばらつきが従来と同じであるかどうかが問題になった．このために新製法

による薬 10 錠について 1 錠当たりの重さをデータとして出したところ，次のようになった．

$$\begin{array}{ccccc} 14.4 & 15.4 & 16.6 & 15.4 & 14.4 \\ 14.4 & 15.0 & 13.0 & 15.2 & 14.4\ (g) \end{array}$$

これをもとに (1) ばらつきが従来通りかどうかを検定せよ，および (2) 従来より小さいといえるかどうかを検定せよ．

解答

(1) 計算により $ns^2 = 8.036$ をえる．ここで仮説を次のように設定する．

$$H_0:\ \sigma^2 = \sigma_0^2 = 2.4^2, \quad H_1:\sigma^2 \neq 2.4^2$$

$$\frac{ns^2}{\sigma_0^2} = \frac{8.036}{2.4^2} = 1.3951$$

分布表から $\chi_9^2(0.025) = 19.02$，$\chi_9^2(0.975) = 2.70$ を求めれば，

$$\frac{ns^2}{\sigma_0^2} = 1.3951 < \chi_9^2(0.975)$$

これは有意水準 $\alpha = 0.05$ では仮説 H_0 は棄却され，H_1 が採用されることを意味している．

(2) 仮説を次のように設定する．

$$H_0:\ \sigma^2 = 2.4^2, \quad H_1:\ \sigma^2 < 2.4^2$$

分布表から $\chi_9^2(0.95) = 3.425$ であるから，有意水準 $\alpha = 0.05$ で H_0 は棄却され H_1 が採用される．

この定理の応用として適合度と独立性の検定がある．これについては新たな章（第 12 章）で展開する．

9 F-分布

9.1 F-分布の基本的性質

定義 9.1. 連続的確率変数 X の密度関数 $f(x)$ が

$$\begin{aligned} f(x) &= \frac{\nu_1^{\frac{\nu_1}{2}}\nu_2^{\frac{\nu_2}{2}}x^{\frac{\nu_1-2}{2}}}{B(\frac{\nu_1}{2},\frac{\nu_2}{2})(\nu_1 x+\nu_2)^{\frac{\nu_1+\nu_2}{2}}} \\ &= \frac{1}{B(\frac{\nu_1}{2},\frac{\nu_2}{2})}\left(1+\frac{\nu_1}{\nu_2}x\right)^{-\frac{\nu_1+\nu_2}{2}}\left(\frac{\nu_1}{\nu_2}\right)^{\frac{\nu_1}{2}}x^{\frac{\nu_1}{2}-1} \quad x>0 \end{aligned}$$

で与えられるとき，X は自由度 ν_1，ν_2 の F-分布にしたがうといい，$X=F_{\nu_2}^{\nu_1}$ と書く．

F-分布の密度関数のグラフは図 9.1 の通りである．

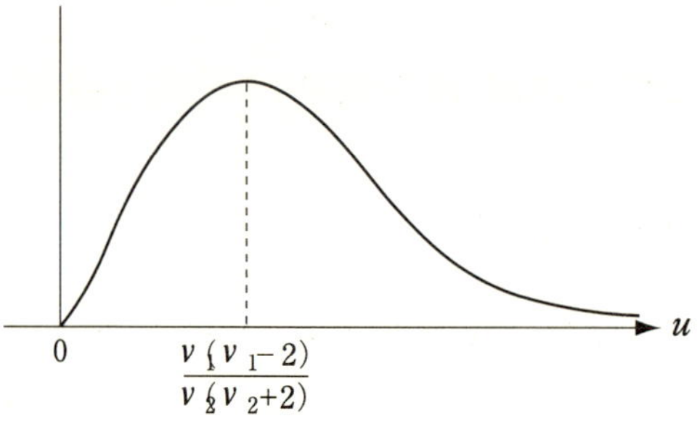

図 9.1 F-分布

補助定理 9.1.1. 連続的確率変数 X，Y が独立でその密度関数がそれぞれ $p(x)$，$q(y)$ とする．このとき確率変数

$$Z=\frac{aX}{bY}$$

の密度関数 $r(z)$ は

$$r(z)=\int_{-\infty}^{\infty}p\left(\frac{bzy}{a}\right)q(y)\frac{b}{a}ydy$$

で与えられる.

証明　2 変数 (X, Y) の密度関数を $\varphi(x, y)$ とすれば，X，Y が独立であるから

$$\varphi(x, y) = p(x)q(y)$$

である．変数変換

$$Z = \frac{aX}{bY}, \quad U = bY$$

を行ったときの (Z, U) の密度関数を $f(z, u)$ としたとき，その周辺密度関数が $r(z)$ にほかならないから

$$r(z) = \int_{-\infty}^{\infty} f(z, u)du$$

ここでこの変換のヤコビアンを求めると

$$\left| \frac{\partial(x, y)}{\partial(z, u)} \right| = \begin{vmatrix} \frac{u}{a} & \frac{z}{a} \\ 0 & \frac{1}{b} \end{vmatrix} = \frac{u}{ab}$$

である．よって

$$f(z, u) = \varphi(x, y)\frac{y}{a}$$

これより $x = byz/a$ に留意すれば

$$r(z) = \int_{-\infty}^{\infty} p\left(\frac{bzy}{a}\right) q(y)\frac{b}{a}ydx$$

補助定理 9.1.2.

$$\int_{0}^{\infty} x^{\alpha-1}e^{-\frac{x}{a}}dy = a^{\alpha}\Gamma(\alpha)$$

が成り立つ.

証明　$x/a = y$ とおけば，ガンマ関数の定義から

$$a^{\alpha}\int_{0}^{\infty} y^{\alpha-1}e^{-y}dy = a^{\alpha}\Gamma(\alpha)$$

となる.

定理 9.1. X_1，X_2 が互いに独立でそれぞれ自由度 n_1，n_2 の χ^2-分布にしたがえば,

$$Y = \frac{\frac{X_1}{n_1}}{\frac{X_2}{n_2}}$$

は自由度 n_1，n_2 の F-分布にしたがう.

証明　X_1, X_2 の密度関数を $p(x_1)$, $q(x_2)$ とすれば

$$p(x_1) = \frac{1}{2^{\frac{n_1}{2}}\Gamma\left(\frac{n_1}{2}\right)} x_1^{\frac{n_1}{2}-1} e^{-\frac{x_1}{2}},\ q(x_2) = \frac{1}{2^{\frac{n_2}{2}}\Gamma\left(\frac{n_2}{2}\right)} x_2^{\frac{n_2}{2}-1} e^{-\frac{x_2}{2}}$$

で与えられる．補助定理 9.1.1 を使えば，Y の密度関数 $f(y)$ は

$$\begin{aligned} f(y) &= \int_0^\infty p(\frac{n_1 y x_2}{n_2}) q(x_2) \frac{n_1}{n_2} x_2 dx_2 \\ &= \frac{y^{\frac{y_1}{2}-1}\left(\frac{n_1}{n_2}\right)^{\frac{n_1}{2}}}{2^{\frac{n_1}{2}+\frac{n_2}{2}}\Gamma\left(\frac{n_1}{2}\right)\Gamma\left(\frac{n_2}{2}\right)} \int_0^\infty x_2^{\frac{n_1+n_2}{2}} e^{-\frac{x_2\left(1+\frac{n_1 y}{n_2}\right)}{2}} dx_2 \end{aligned}$$

補助定理 9.1.2 により右辺の積分は

$$\int_0^\infty x_2^{\frac{n_1+n_2}{2}} e^{-\frac{x_2\left(1+\frac{n_1 y}{n_2}\right)}{2}} dx_2 = 2^{\frac{n_1+n_2}{2}} \left(1+\frac{n_1}{n_2}y\right)^{-\frac{n_1+n_2}{2}} \Gamma\left(\frac{n_1+n_2}{2}\right)$$

であるから

$$f(y) = \frac{\Gamma\left(\frac{n_1+n_2}{2}\right)\left(\frac{n_1}{n_2}\right)^{\frac{n_1}{2}} y^{\frac{n_1}{2}-1}}{\Gamma\left(\frac{n_1}{2}\right)\Gamma\left(\frac{n_2}{2}\right)} \left(1+\frac{n_1}{n_2}y\right)^{-\frac{n_1+n_2}{2}}$$

ガンマ，ベータ関数の関係を使えば

$$f(y) = \frac{n_1^{\frac{n_1}{2}} n_2^{\frac{n_2}{2}} y^{\frac{n_1}{2}-1}}{B\left(\frac{n_1}{2}, \frac{n_2}{2}\right)(n_1 y + n_2)^{\frac{n_1+n_2}{2}}}$$

となるから自由度 n_1, n_2 の F-分布の密度関数である．

系 9.1. 互いに独立な 2 組の標本確率変数 X_1, X_2, $\cdots$, X_n; Y_1, Y_2, $\cdots$, Y_m がそれぞれ正規分布 $N(\mu_x, \sigma^2)$, $N(\mu_y, \sigma^2)$ からのものであるとする．このとき，U_x^2, U_y^2 をそれぞれの不偏分散統計量とすれば

$$Z = \frac{U_x^2}{U_y^2}$$

は自由度 $n-1$, $m-1$ の F-分布にしたがう．

証明　定理 8.5 により

$$\frac{nS_x^2}{\sigma^2} = \frac{\sum_{i=1}^n (X_i - \overline{X})^2}{\sigma^2},\ \frac{nS_y^2}{\sigma^2} = \frac{\sum_{j=1}^m (Y_j - \overline{Y})^2}{\sigma^2}$$

はそれぞれ自由度 $n-1$, $m-1$ の χ^2-分布にしたがう．よって定理から

$$Z = \frac{\frac{n}{n-1}S_x^2}{\frac{m}{m-1}S_y^2} = \frac{U_x^2}{U_y^2}$$

は自由度 $n-1$, $m-1$ の F-分布にしたがう．

系 9.2. 正規母集団 $N(\mu, \sigma^2)$ からの標本確率変数 X_1, X_2, $\cdots$, X_n に対して

$$Y = \frac{(\overline{X}-\mu)^2 n}{U^2}$$

は自由度 1, $n-1$ の F-分布にしたがう．

証明　定理 8.3 により

$$\frac{(\overline{X}-\mu)^2 n}{\sigma^2}$$

は自由度 1 の χ^2-分布にしたがう．定理 8.5 により

$$\frac{nS^2}{\sigma^2} = \frac{\sum_{i=1}^n (X_i - \overline{X})^2}{\sigma^2}$$

は自由度 $n-1$ の χ^2-分布にしたがう．したがって

$$\frac{\frac{(\overline{X}-\mu)^2 n}{\sigma^2}}{\frac{nS^2}{\sigma^2(n-1)}} = \frac{(\overline{X}-\mu)^2 n}{U^2}$$

は自由度 1, $n-1$ の F-分布にしたがう．

系 9.3. X_1, X_2, $\cdots$, X_n; Y_1, Y_2, $\cdots$, Y_n をそれぞれ互いに独立な，正規母集団 $N(\mu_1, \sigma^2)$, $N(\mu_2, \sigma^2)$ からとられた標本確率変数であるとする．このとき

$$Z = \frac{\left((\overline{X}-\overline{Y}) - (\mu_1 - \mu_2)\right)^2}{\frac{1}{n}+\frac{1}{m}} \frac{n+m-2}{nS_x^2 + mS_y^2}$$

は自由度 $1, n+m-2$ の F-分布にしたがう．

証明　仮定から

$$\overline{X} \sim N\left(\mu_1, \frac{\sigma^2}{n}\right),\ \overline{Y} \sim N\left(\mu_2, \frac{\sigma^2}{m}\right)$$

したがって

$$(\overline{X}-\mu_1) - (\overline{Y}-\mu_2) \sim N\left(0, \frac{\sigma^2}{n} + \frac{\sigma^2}{m}\right)$$

系 8.1 により

$$\frac{\left((\overline{X}-\overline{Y})-(\mu_1-\mu_2)\right)^2}{\left(\frac{1}{n}+\frac{1}{m}\right)\sigma^2}$$

は自由度 1 の χ^2-分布にしたがう．定理 8.5 から nS_x^2/σ^2, mS_y^2/σ^2 はそれぞれ自由度 $n-1$, $m-1$ の χ^2-分布にしたがう．よって

$$\frac{nS_x^2+mS_y^2}{\sigma^2}$$

は自由度 $n+m-2$ の χ^2-分布にしたがう．ゆえに

$$Z=\frac{\left((\overline{X}-\overline{Y})-(\mu_1-\mu_2)\right)^2}{\left(\frac{1}{n}+\frac{1}{m}\right)\sigma^2}\frac{\sigma^2(n+m-2)}{nS_x^2+mS_y^2}$$

は自由度 $1, n+m-2$ の F-分布にしたがう．

自由度 n_1, n_2 の F-分布にしたがう確率変数 X に対して

$$P(X\geq a)=\int_a^\infty \frac{1}{B(\frac{n_1}{2},\frac{n_2}{2})}\left(1+\frac{n_1}{n_2}x\right)^{-\frac{n_1+n_2}{2}}\left(\frac{n_1}{n_2}\right)^{\frac{n_1}{2}}x^{\frac{n_1}{2}-1}dx=p$$

なる a を $a=F_{n_2}^{n_1}(p)$ と表す．F-分布表（付表）により，$p=0.05$, 0.01 に対してこれを求めることができる．

系 9.4.

$$F_n^m(1-p)=\frac{1}{F_m^n(p)}$$

証明　$P(F_m^n>F_m^n(p))=p$ ならば

$$P\left(\frac{1}{F_m^n}<\frac{1}{F_m^n(p)}\right)=p$$

ここで

$$\frac{1}{F_m^n}=\frac{n\chi_m^2}{m\chi_n^2}=F_n^m$$

であるから

$$P\left(F_n^m<\frac{1}{F_m^n(p)}\right)=p=P(F_n^m<F_n^m(1-p))$$

9.2 F-分布の応用

応用 等分散の仮説検定

ここでは，２つの母集団 $N(\mu_x, \sigma_x^2)$, $N(\mu_y, \sigma_y^2)$ の分散 σ_x^2, σ_y^2) が等しいかどうかの仮説検定を行う．注意すべきは，母平均の一致は前提としないということである．

検定すべき仮説を次のようにおく．

$$H_0 : \sigma_x^2 = \sigma_y^2, \quad H_1 : \sigma_x^2 \neq \sigma_y^2$$

２つの母集団からの互いに独立な標本確率変数を $X_1, X_2, \cdots, X_n; Y_1, Y_2, \cdots, Y_m$ とし，不偏分散統計量をそれぞれ

$$U_x^2 = \frac{1}{n-1}\sum_{i=1}^{n}(X_i - \overline{X})^2,\ U_y^2 = \frac{1}{m-1}\sum_{i=1}^{n}(Y_i - \overline{Y})^2$$

とおけば，H_0 のもとでは系 9.1 より

$$Z = \frac{U_x^2}{U_y^2}$$

は自由度 $n-1$, $m-1$ の F-分布にしたがう．よって分布表から棄却域 W を次のように定めれば

$$W = \left\{Z \,|\, Z \leq F_{m-1}^{n-1}\left(1 - \frac{\alpha}{2}\right)\right\} \cup \left\{Z \,|\, Z \geq F_{m-1}^{n-1}\left(\frac{\alpha}{2}\right)\right\},$$

この確率は

$$P(Z \in W) = \alpha$$

である．

しかし，F-分布表は $F_n^m(0.05)$ と $F_n^m(0.01)$ しか作成してない．したがって，$1-\alpha/2$ に対応する点については，系 9.4 の結果を使って次のように $\alpha/2$ に変換しておく．

$$\left\{Z \,|\, Z \leq F_{m-1}^{n-1}\left(1 - \frac{\alpha}{2}\right)\right\} = \left\{Z \,\middle|\, \frac{1}{Z} = \frac{U_y^2}{U_x^2} \geq F_{n-1}^{m-1}\left(\frac{\alpha}{2}\right)\right\}$$

結局，有意水準 α の棄却域は次のようにする．

$$W = \left\{\frac{U_y^2}{U_x^2} \,\middle|\, \frac{U_y^2}{U_x^2} \geq F_{n-1}^{m-1}\left(\frac{\alpha}{2}\right)\right\} \cup \left\{\frac{U_x^2}{U_y^2} \,\middle|\, \frac{U_x^2}{U_y^2} \geq F_{m-1}^{n-1}\left(\frac{\alpha}{2}\right)\right\}$$

以上をまとめて以下の手続きをえる．

正規母集団 $N(\mu_x, \sigma_x^2)$, $N(\mu_y, \sigma_y^2)$ からの標本確率変数

$$X_1, X_2, \cdots, X_n; \quad Y_1, Y_2, \cdots, Y_m$$

の実現値

$$x_1, x_2, \cdots, x_n; \quad y_1, y_2, \cdots, y_m$$

に対して不偏分散 u_x^2, u_y^2 を計算する．

(i) $u_x^2 > u_y^2$ の場合

(a) $\frac{u_x^2}{u_y^2} > F_{m-1}^{n-1}\left(\frac{\alpha}{2}\right) \Longrightarrow H_0$ を棄却して，H_1 を採用する．

(b) $\frac{u_x^2}{u_y^2} \leq F_{m-1}^{n-1}\left(\frac{\alpha}{2}\right) \Longrightarrow H_0$ を採用する．

(ii) $u_x^2 \leq u_y^2$ の場合

(a) $\frac{u_y^2}{u_x^2} > F_{n-1}^{m-1}\left(\frac{\alpha}{2}\right) \Longrightarrow H_0$ を棄却して，H_1 を採用する．

(b) $\frac{u_y^2}{u_x^2} \leq F_{n-1}^{m-1}\left(\frac{\alpha}{2}\right) \Longrightarrow H_0$ を採用する．

例 **9.2.1.** A，B 地区の中学 3 年生 12 人，10 人に同一の数学の試験をしたところ，A，B 地区の標本分散はそれぞれ $S_A^2 = 15.0^2$, $S_B^2 = 12.5^2$ 点 ^{2} であった．これをもとに，両地区の母分散 σ_A^2, σ_B^2 が等しいかどうかの検定を行え．

解答

仮説を

$$H_0: \sigma_A^2 = \sigma_B^2, \quad H_1: \sigma_A^2 \neq \sigma_B^2$$

とおく．

$$u_A^2 = \frac{12 \times s_A^2}{12-1} = 16.36, \ u_B^2 = \frac{10 \times s_B^2}{10-1} = 13.88$$

したがって，$u_A^2/u_B^2 = 1.17$ となる．$F_9^{11}(0.05) = 3.10$ であるから

$$\frac{u_A^2}{u_B^2} < F_9^{11}(0.05)$$

よって，仮説 H_0 を採用する．この場合の有意水準は 0.10 である．

10　t-分布

10.1　t-分布の基本的性質

定義 10.1. 連続的確率変数 T の密度関数 $f(t)$ が次で与えられるとき

$$f(t) = \frac{1}{\sqrt{n}B\left(\frac{1}{2}, \frac{n}{2}\right)}\left(1 + \frac{t^2}{n}\right)^{-\frac{n+1}{2}}$$

T は自由度 n の t-分布（またはスチューデントの t-分布）にしたがうという．

定理 10.1. X が規準正規分布 $N(0,1)$ にしたがい，Y を X と独立な，自由度 n の χ^2-分布にしたがう確率変数であるとすれば，

$$T = \frac{X}{\sqrt{\frac{Y}{n}}}$$

は自由度 n の t-分布にしたがう．

証明　X, Y が独立であるから (X,Y) の密度関数 $p(x,y)$ は

$$p(x,y) = \begin{cases} \frac{1}{\sqrt{2\pi}}e^{-\frac{x^2}{2}} \frac{1}{2^{\frac{n}{2}}\Gamma\left(\frac{n}{2}\right)} y^{\frac{n-2}{2}} e^{-\frac{y}{2}} & (y > 0) \\ 0 & (y \leq 0) \end{cases}$$

で与えられる．変数変換

$$x = t\sqrt{u}, \quad y = nu$$

を行えば，このとき対応する確率変数には

$$T = \frac{X}{\sqrt{\frac{Y}{n}}}$$

の関係がある．この変換のヤコビアンを計算すると

$$\frac{\partial(x,y)}{\partial(t,u)} = \begin{vmatrix} \sqrt{u} & \frac{t}{2\sqrt{u}} \\ 0 & n \end{vmatrix} = n\sqrt{u}$$

である．(T,U) の密度関数を $f(t,u)$ とすれば $u>0$ のとき

$$\begin{aligned} f(t,u) &= p(x,y)\left|\frac{\partial(x,y)}{\partial(t,u)}\right| \\ &= \frac{1}{\sqrt{2\pi}}e^{-\frac{t^2u}{2}}\frac{1}{2^{\frac{n}{2}}\Gamma\left(\frac{n}{2}\right)}(nu)^{\frac{n-2}{2}}e^{-\frac{nu}{2}}n\sqrt{u} \\ &= \frac{n^{\frac{n}{2}}}{2^{\frac{n+1}{2}}\sqrt{\pi}\Gamma\left(\frac{n}{2}\right)}u^{\frac{u-1}{2}}e^{-\frac{1}{2}n(1+\frac{t^2}{n})u} \end{aligned}$$

である．$u \leq 0$ であれば，明らかに $f(t,u)=0$ である．これから T の密度関数 $r(t)$ は次のように計算される．

$$r(t) = \int_{-\infty}^{\infty} f(t,u)du = \frac{n^{\frac{n}{2}}}{2^{\frac{n+1}{2}}\sqrt{\pi}\Gamma\left(\frac{n}{2}\right)}\int_0^{\infty} u^{\frac{u-1}{2}}e^{-\frac{1}{2}n(1+\frac{t^2}{n})u}du$$

この積分を求めるために変数変換

$$v = n\left(1+\frac{t^2}{n}\right)u$$

を行う．

$$r(t) = \frac{n^{\frac{n}{2}}}{2^{\frac{n+1}{2}}\sqrt{\pi}\Gamma\left(\frac{n}{2}\right)}\frac{1}{\left\{n\left(1+\frac{t^2}{n}\right)\right\}^{\frac{n+1}{2}}}\int_0^{\infty} v^{\frac{n-1}{2}}e^{-\frac{v}{2}}dv$$

補助定理 9.1.2 から

$$\int_0^{\infty} v^{\frac{n-1}{2}}e^{-\frac{v}{2}}dv = 2^{\frac{n+1}{2}}\Gamma\left(\frac{n+1}{2}\right)$$

ゆえに

$$\begin{aligned} r(t) &= \frac{n^{\frac{n}{2}}2^{\frac{n+1}{2}}\Gamma\left(\frac{n+1}{2}\right)}{2^{\frac{n+1}{2}}\sqrt{\pi}\Gamma\left(\frac{n}{2}\right)n^{\frac{n+1}{2}}}\left(1+\frac{t^2}{n}\right)^{-\frac{n+1}{2}} \\ &= \frac{1}{\sqrt{n}B\left(\frac{1}{2},\frac{n}{2}\right)}\left(1+\frac{t^2}{n}\right)^{-\frac{n+1}{2}} \end{aligned}$$

系 **10.1.** 正規分布 $N(\mu,\sigma^2)$ にしたがう標本確率変数 X_1，X_2，$\cdots$，X_n に対して

$$T = \frac{(\overline{X}-\mu)\sqrt{n-1}}{S}$$

は自由度 $n-1$ の t-分布にしたがう．ただし，S^2 は分散統計量である．

証明　定理 7.4 から

$$Z = \frac{(\overline{X} - \mu)\sqrt{n}}{\sigma} \sim N(0, 1)$$

である．また定理 8.5 により nS^2/σ^2 は自由度 $n-1$ の χ^2-分布にしたがう．さらに同定理により $\overline{X}$ と S^2 は独立であるから，Z と nS^2/σ^2 も独立である．よって定理 10.1 から

$$\frac{Z}{\sqrt{\frac{nS^2}{\sigma^2(n-1)}}} = \frac{(\overline{X} - \mu)\sqrt{n-1}}{S} = T$$

は自由度 $n-1$ の t-分布にしたがう．

定理 10.2. T を自由度 n の t-分布にしたがう確率変数であるとすれば，$S = T^2$ は自由度 1, n の F-分布にしたがう．

証明　T の密度関数を $f(t)$ とすれば

$$f(t) = \frac{1}{\sqrt{n}B\left(\frac{1}{2}, \frac{n}{2}\right)} \left(1 + \frac{t^2}{n}\right)^{-\frac{n+1}{2}}$$

である．S の密度関数 $g(s)$ は $s \leq 0$ のとき 0 であって，$s > 0$ のとき $t \leq 0$ の部分と $t > 0$ の部分 $g^*(s)$ に分けてそれぞれの部分で 1 対 1 の変換 $s = t^2$ を考える．

$$g^*(s)ds = f(t)dt$$

が成り立つから

$$g^*(s) = f(t)\frac{dt}{ds} = \frac{1}{\sqrt{n}B\left(\frac{1}{2}, \frac{n}{2}\right)} \left(1 + \frac{s}{n}\right)^{-\frac{n+1}{2}} \frac{1}{2\sqrt{s}}$$

したがって $-\infty < t < \infty$ ではこれの 2 倍になるから

$$\begin{aligned} g(s) = 2g^*(s) &= \frac{1}{\sqrt{n}B\left(\frac{1}{2}, \frac{n}{2}\right)} \frac{s^{-\frac{1}{2}}}{\left(1 + \frac{s}{n}\right)^{\frac{n+1}{2}}} \\ &= \frac{1^{\frac{1}{2}} n^{\frac{n}{2}}}{\sqrt{n}B\left(\frac{1}{2}, \frac{n}{2}\right)} \frac{s^{\frac{1}{2}-1}}{(s+n)^{\frac{n+1}{2}}} \end{aligned}$$

となる．これは自由度 1, n の F-分布の密度関数にほかならない．

定理 10.3. 互いに独立な２組の標本確率変数 X_1, X_2, $\cdots$, X_n,; Y_1, Y_2, $\cdots$, Y_m がそれぞれ正規分布 $N(\mu_x, \sigma^2)$, $N(\mu_y, \sigma^2)$ にしたがうとき，統計量

$$\frac{(\overline{X}-\overline{Y})-(\mu_x - u_y)}{\sqrt{nS_x^2+mS_y^2}}\sqrt{\frac{nm(n+m-2)}{n+m}}$$

は自由度 $n+m-2$ の t-分布にしたがう，

ここで

$$S_x^2 = \frac{1}{n}\sum_{i=1}^{n}(X_i-\overline{X})^2,\ S_x^2 = \frac{1}{n}\sum_{i=1}^{m}(Y_i-\overline{Y})^2,$$

とする．

証明　定理 7.5 により

$$Z = \frac{(\overline{X}-\overline{Y})-(\mu_x - u_y)}{\left(\sqrt{\frac{1}{n}+\frac{1}{m}}\right)\sigma} \sim N(0,1)$$

定理 8.5 により

$$\frac{nS_x^2}{\sigma^2} = \chi^2_{n-1}, \quad \frac{mS_y^2}{\sigma^2} = \chi^2_{m-1}$$

であるから，さらに定理 8.4 により

$$\frac{nS_x^2}{\sigma^2} + \frac{mS_y^2}{\sigma^2} = \chi^2_{n+m-2}$$

である．$\overline{X}$ と S_x^2, $\overline{Y}$, S_y^2 は独立であるから Z と χ^2_{n+m-2} も独立である．よって定理 10.1 により

$$\frac{Z}{\sqrt{\frac{\chi^2_{n+m-2}}{n+m-2}}} = \frac{(\overline{X}-\overline{Y})-(\mu_x - u_y)}{\sqrt{nS_x^2+mS_y^2}}\sqrt{\frac{nm(n+m-2)}{n+m}}$$

は自由度 $n+m-2$ の t-分布にしたがう．

自由度 ν の t-分布にしたがう確率変数 X に対して

$$P(|X| \geq a) = \alpha$$

なる $a > 0$ を $a = t_\nu(\alpha)$ と表し，これを t-分布表から引くことができる．

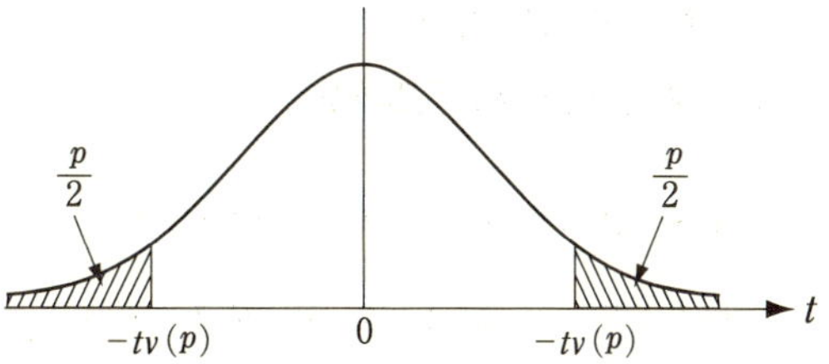

図 10.1　t-分布表

10.2　t-分布の応用

応用 1　母平均 μ の区間推定（σ^2: 未知の場合）

正規分布 $N(\mu, \sigma^2)$ からの標本確率変数 X_1，X_2，·，X_n を用いて μ の区間推定を行う．もし，σ^2 が知られていれば，正規分布を使って行うことは，既に正規分布のところ（7.1 節応用 2）で述べた．ここでは，σ^2 が未知の場合の方法である．ただし，そのやり方はまったく正規分布の場合と同じである．これは，t-分布の密度関数 $f(t)$ は $t = 0$ 軸に左右対称で，かつ t 軸に漸近的に近づく様子が同じであるからである．

信頼度 $\alpha = 0.95$ の場合を述べる（他の場合も同じである）．

系 10.1 により

$$\frac{(\overline{X} - \mu)\sqrt{n-1}}{S}$$

は自由度 $n-1$ の t-分布にしたがうから，t-分布表から

$$P\left(-t_{n-1}(0.05) \leq \frac{(\overline{X} - \mu)\sqrt{n-1}}{S} \leq t_n - 1(0.05)\right) = 0.95$$

この括弧の中を μ について解けば，

$$P\left(\overline{X} - t_{n-1}(0.05)\frac{S}{\sqrt{n-1}} \leq \mu \leq \overline{X} + t_{n-1}(0.05)\frac{S}{\sqrt{n-1}}\right) = 0.95$$

これは，$\overline{X}$，S の実現値 $\overline{x}$，s に対して μ は区間

$$\left[\overline{x} - t_{n-1}(0.05)\frac{s}{\sqrt{n-1}},\ \overline{x} + t_{n-1}(0.05)\frac{s}{\sqrt{n-1}}\right]$$

にあることは，確率 0.95 で信頼されることを意味している．よってこれが μ の信頼度 0.95 の信頼区間である．

例 10.2.1. ある土地の面積を 10 人に測量してもらったところ，次のような結果をえた．この土地の面積 μ の信頼度 0.95 の区間推定を行え．

$$30.8 \quad 33.0 \quad 35.8 \quad 33.2 \quad 37.2$$

$$39.0 \quad 36.2 \quad 33.2 \quad 33.6 \quad 36.1\ (m^2)$$

この例における母集団 $N(\mu, \sigma^2)$ とは一体何であろうか．またその土地の面積の真の値とは一体何であろうか．

まず，この場合の母集団とは，その土地の面積の測量結果がすべて含まれる集合である．別のいい方をすれば，無限人に，あるいは無限回測定させた結果の集合である．したがって，これはあくまで想定しているのであって，そのようなものが実在しているのではない．この際それが正規分布を想定できるのは，これまでの経験による．

確かに，その土地の面積は真の値をもっているはずである．しかしそれを測定値としてわれわれ人間がぴったり確定した数値として出すことは，不可能である．測定の結果ある値を実現する確率は 0 でなければならない．

たとえば，われわれが測定値として $30.8m^2$ をえたにしても，ほんとうにその実数値をぴったり出しているかといえば，そうではない．その測量の際，目盛りを読むときにさらにより精度の高い，たとえば，顕微鏡でこれらの目盛りを拡大していけば，さらに先があるはずである．このように，測定値というものはわれわれのそうであって欲しい気持ちとの妥協点であるといえる．

ただ，こういうことはいえるであろう．すなわち，測定値は真の値 μ の近くの値は実現しやすいが，それからあまり離れると実現しにくくなる．これが，誤差の法則として正規分布を想定する理由である．

もし，われわれが時間的経済的その他もろもろの制約を受けない（つまり神のような全知全能者）と仮定した場合，それらすべての測定値の相加平均をとれば，これが μ となる．あるいは，その実現値とその割合の積の総和，すなわち，期待値そのものである．

だが，われわれはそういうことを想像することはできても，実際は，全体の測定値を知ることは不可能である．したがって，それらの一部しか知ることができない．この一部で μ の値の存在範囲を確定しようとしているところに，この区間推定の意味がある．

解答

計算により $\overline{x}=34.81$，$s=5.3849$，また分布表から $t_9(0.05)=2.262$ であるから

$$34.81 \pm \frac{2.262 \times \sqrt{5.3849}}{3} = 36.56,\ 33.06$$

よって信頼度 0.95 の信頼区間は $[33.06, 36.56]$ である．

正規分布の場合と同様に信頼度を上げれば，信頼区間の幅は広くなり，同じ信頼度に対して標本の数を増やせば，信頼区間の幅は狭くなる．

応用２ 母平均の差 $\mu_x - \mu_y$ の区間推定（母分散 σ^2 が未知の場合）

正規分布 $N(\mu_x, \sigma_x^2)$，$N(\mu_y, \sigma_y^2)$ にしたがう，互いに独立な，２組の標本確率変数

$$X_1,\ X_2,\ \cdots,\ X_n;\quad Y_1,\ Y_2,\ \cdots,\ Y_m$$

があって，その実現値 $x_1,\ x_2,\ \cdots,\ x_n;\ y_1, y_2,\ \cdots,\ y_m$ がえられたとき，母平均の差 $\mu_x - \mu_y$ の区間推定を行う．

ただし，この際母分散 $\sigma_x^2 = \sigma_y^2 = \sigma^2$ であるとする．この仮定がないと以下の議論は成り立たないことに留意しよう．

定理 10.3 から統計量

$$t_{n+m-2} = \frac{(\overline{X}-\overline{Y})-(\mu_x - u_y)}{\sqrt{nS_x^2 + mS_y^2}}\sqrt{\frac{nm(n+m-2)}{n+m}}$$

は自由度 $n+m-2$ の t-分布にしたがう．よって t-分布表から

$$P(|t_{n+m-2}| \leq t_{n+m-2}(0.05)) = 0.95$$

である．上の t_{n+m-2} を代入すれば

$$P\left(\frac{|(\overline{X}-\overline{Y})-(\mu_x - \mu_y)|}{\sqrt{nS_x^2 + mS_y^2}}\sqrt{\frac{nm(n+m-2)}{n+m}}\right) = 0.95$$

これを $\mu_x - \mu_y$ について解けば，

$$P\left((\overline{X}-\overline{Y}) - t_{n+m-2}(0.05)\sqrt{\frac{nS_x^2+mS_y^2}{n+m-2}\frac{n+m}{nm}} \le \mu_x - \mu_y \right.$$
$$\left. \le (\overline{X}-\overline{Y}) + t_{n+m-2}(0.05)\sqrt{\frac{nS_x^2+mS_y^2}{n+m-2}\frac{n+m}{nm}}\right) = 0.95$$

よって $\overline{X}$，$\overline{Y}$，S_x^2，S_y^2 の実現値を $\overline{x}$，$\overline{y}$，s_x^2，s_y^2 とすれば，$\mu_x - \mu_y$ の信頼度 0.95 の信頼区間は

$$\left[(\overline{x}-\overline{y}) - t_{n+m-2}(0.05)\sqrt{\frac{ns_x^2+ms_y^2}{n+m-2}\frac{n+m}{nm}},\right.$$
$$\left.(\overline{x}-\overline{y}) + t_{n+m-2}(0.05)\sqrt{\frac{ns_x^2+ms_y^2}{n+m-2}\frac{n+m}{nm}}\right]$$

で与えられる．

例 **10.2.2.** A，B グループのある年齢の数学の能力をみるために，それぞれから 10 人ずつ無作為に選んで同一の数学の試験を行ったところ，標本平均と標本分散は次の通りとなった．

$$\overline{x_A} = 70.6,\ \overline{x_B} = 65.4,\ s_A^2 = 15.0^2,\ s_B^2 = 13.0^2$$

これをもとに成績の差 $\mu_A - \mu_B$ の信頼度 0.95 の区間推定を行え．

解答

母集団に $N(\mu_A, \sigma_A^2)$，$N(\mu_B, \sigma_B^2)$ を想定する．これはそれぞれのグループのメンバーのその試験を受けたすべてのデータの総体である．この場合の母平均 μ_A，μ_B が両グループの数学の成績の代表値である．したがって，問題のいう $\mu_A - \mu_B$ が成績の差の真の値と考えられる．

分布表から $t_18(0.05) = 1.734$ であるから

$$(\overline{x}-\overline{y}) \pm t_{n+m-2}(0.05)\sqrt{\frac{ns_x^2+ms_y^2}{n+m-2}\frac{n+m}{nm}} = 5.5 \pm 11.8 = \begin{cases} 16.7 \\ -6.3 \end{cases}$$

よって信頼度 0.95 の $mu_A - \mu_B$ の信頼区間は $[-6.3, 16.7]$ である．

応用 3　μ の仮説検定（σ^2 が未知の場合）

母集団 $N(\mu, \sigma^2)$ の母係数 μ に関する検定としては，σ^2 が既知の場合は正規分布を用いることは既に述べた通りである（7.1 節応用 3）．ここでは σ^2 が未知の場合の方法を述べる．考え方は正規分布の場合とまったく同じである．これは正規分布と t-分布の密度関数が類似していることから明らかであろう．

母集団からの標本確率変数を X_1，X_2，$\cdots$，X_n としてこれをもとに，仮説

$$H_0 : \mu = \mu_0, \quad H_1 : \mu \neq \mu_0$$

の有意水準 α の両側検定を行う (片側検定も正規分布の場合と同じである).

棄却域 W として

$$W = \left\{ \overline{X} \mid \left| \frac{(\overline{X} - \mu_0)\sqrt{n-1}}{S} \right| \geq t_{n-1}(\alpha) \right\}$$

とおけば，系 10.1 より

$$P(\overline{X} \in W) = \alpha$$

である．よって次の手順が出てくる．

もし $\overline{X}$ の実現値 $\overline{x}$ が $\overline{x} \in W$ であれば，H_0 を棄却し，H_1 を採用する．

もし，$\overline{x} \notin W$ であれば，H_0 を採用する．

例 10.2.3. 手元にある鉄球の重さを 10 人に測定させたところ，次の通りであった．この重さは 5mg であるといえるか．

5.27	4.91	5.10	5.04	5.07
5.17	5.12	5.29	4.99	5.08 (mg)

解答

帰無仮説と対立仮説を $H_0 : \mu = 5mg,\quad H_1 : \mu \neq 5mg$ とする．

$$\overline{x} = 5.104,\ s = 0.11,\ t_9(0.05) = 2.26$$

であるから，

$$\left| \frac{(\overline{x} - \mu_0)\sqrt{n-1}}{s} \right| = 2.84 > t_9(0.05).$$

ゆえに，H_0 は否定され H_1 が採用される．

応用 **4** $\mu_x = \mu_y$ の検定（σ^2：未知の場合）

２つの正規母集団 $N(\mu_x, \sigma^2)$，$N(\mu_y, \sigma^2)$ からの互いに独立な標本確率変数

$$(*) \qquad X_1,\ X_2,\ \cdots,\ X_n;\quad Y_1, Y_2,\ \cdots,\ Y_m$$

を使って，帰無仮説 H_0，対立仮説 H_1

$$H_0 : \mu_x = \mu_y, \quad H_1 : \mu_x \neq \mu_y$$

の有意水準 α の両側検定を行う．やり方は正規分布の場合と同様である．また，片側検定についても同様である．

S_x^2，S_y^2 をそれぞれ標本分散とすれば，定理 10.3 により

$$P\left(\frac{|\overline{X} - \overline{Y}|}{\sqrt{nS_x^2 + mS_y^2}}\sqrt{\frac{nm(n+m-2)}{n+m}} \geq t_{n+m-2}(\alpha)\right) = \alpha$$

よって次の手順が出てくる．

もし（$*$）の実現値

$$x_1,\ x_2,\ \cdots,\ x_n;\quad y_1,\ y_2,\ \cdots,\ y_m$$

に対して

$$\frac{|\overline{x} - \overline{y}|}{\sqrt{ns_x^2 + ms_y^2}}\sqrt{\frac{nm(n+m-2)}{n+m}} \geq t_{n+m-2}(\alpha)$$

が起これば，H_0 を棄却し H_1 を採用する．

逆にもし，そうでなければ，H_0 を採用する．

例 **10.2.4.** A，B 両地区の中学 3 年生に同一の数学の試験を行った．A 地区は 21 名受験し，その平均は $\overline{x_A} = 60$，分散は $s_A^2 = 12^2$ であった．B 地区は受験生 41 名受験し，その平均は $\overline{x_B} = 55$，分散は $s_B^2 = 15^2$ であった．これから A 地区の中学生が成績が良いと結論してよいかどうかを，有意水準 5 %で検定せよ．

解答

これら A，B 両地区のサイズ $n = 21$，$m = 41$ の標本は正規母集団 $N(\mu_A, \sigma_A^2)$，$N(\mu_B, \sigma_B^2)$ からとられたと考える．このとき，同一の問題であるから $\sigma_A = \sigma_B$ と仮定してよい（実際，F-分布を用いた等分散の仮説検定でも否定されない）．

さて次に，この場合の仮説を次のように設定し片側検定を行う．

$$H_0 : \mu_A = \mu_B, \quad H_1 : \mu_A > \mu_B$$

次に統計量 T の実現値を計算する．

$$\begin{aligned} T &= \frac{\overline{X_A} - \overline{X_B}}{\sqrt{nS_A^2 + mS_B^2}} \sqrt{\frac{nm(n+m-2)}{n+m}} \\ &= 1.304 \end{aligned}$$

分布表から $t_{n+m-2}(0.10) = t_{60}(0.10) = 1.671$ をえる．この場合 $T = 1.304 < 1.671$ であるから，仮説 H_0 は棄却されない．よって A 地区の成績が B 地区に比較して良いとはいえない．

11 推定論

母集団を規定する母係数を，それからの標本確率変数 X_1, X_2, $\cdots$, X_n から推定する方法について述べる．推定に母係数を1点で推定する点推定と，区間で推定する区間推定がある．点推定には種々のクライテリアが考えられている．

区間推定は後の検定論と表裏一体である．

まず点推定について述べる．

11.1 点推定法

推測統計学の目的は，母集団を確定することである．もっといえば，母集団を規定する密度関数を確定することである．そのために，この母集団から標本 x_1, x_2, $\cdots$, x_n をとり，これをうまく利用して母集団を規定する密度関数の係数を推測することにある．

母集団を規定する係数 θ を母係数という．母係数は一般にその母集団の密度関数を規定する係数である．たとえば，母集団が正規分布 $N(\mu, \sigma^2)$ であれば，母平均 μ や母分散 σ^2 がそれにあたる．

母係数 θ を標本確率変数 X_1, X_2, $\cdots$, X_n の統計量

$$\hat{\theta} = \varphi(X_1,\ X_2,\ \cdots,\ X_n)$$

の実現値 $\varphi(x_1,\ x_2,\ \cdots,\ x_n)$ で推定するとき，統計量 $\hat{\theta}$ を θ の推定量(estimator)，その実現値を推定値(estimate)という．いかなる推定量を用いるかということはいかなる方略で推定するかを意味している．

1つの母係数に対していかなる方略の推定を行うか，つまりいかなる推定量を用いるかはそれぞれの観点によって，差がある．それはより良い推定量は何かという定義

に関係する．

それでは一体何が良い推定量といえるのであろうか．

たとえば，正規母集団の母平均 μ を推定量 $\hat{\mu}(X_1,\ X_2,\ \cdots,\ X_n)$ で行うとしよう．われわれの実験，観測，測定はただ1組の実現値 $(X_1,\ X_2,\ \cdots,\ X_n)=(x_1,\ x_2,\ \cdots,\ x_n)$ をえることであるから，この場合の推定値は，たとえば

$$\hat{\mu}(x_1,\ x_2,\ \cdots,\ x_n)=2.5$$

で与えられることになる．しかし，この推定値自体が μ の真の値がどうかは誰にも，いかなる方法でもわからない．これはわれわれ人間の宿命である．したがって，推定値 $\hat{\mu}=2.5$ をえたにしても，2.5 のどれほど近くに真の値がきているのか，まったくのところわからない．

そこで推測統計学では，個々の場合はわからないが，そのような方略で推定する場合の誤差の期待値を考えることにする．それが 0 になることをまず良い推定の規準に挙げるのが自然である．1つひとつの推定においては誤差があるが，トータルとしては，あるいは誤差の期待値をしては

$$E(\hat{\mu}-\mu)=0$$

でなければならないとする．このことは，$E(\hat{\mu})=\mu$ であることを意味する．これを直感的に解釈すれば，推定量 $\hat{\mu}$ の分布は μ を中心として分布するようなものでないと，推定量としてはふさわしくないということである．このような推定量を不偏推定量(unbiased estimator) という．

11.2　有効推定量

定理 11.1.（クラーメル - ラオの定理）$X_1,\ X_2,\ \cdots,\ X_n$ を母係数 θ をつ母集団からの標本確率変数，$\hat{\theta}=\hat{\theta}(X_1,\ X_2,\ \cdots,\ X_n)$ を母係数 θ の不偏推定量，$p(x;\theta)$ を母集団の密度関数とする．もし $\hat{\theta}$, $p(x;\theta)$ が正則条件（註 11.2.1）を満たせば，

$$V(\hat{\theta})\geq\frac{1}{nE\left[\left(\frac{\partial\log p(X;\theta)}{\partial\theta}\right)^2\right]}$$

が成立する，ここで $p(X;\theta)$ は $p(x;\theta)$ の x を形式的に X に置き換えたものである．

証明　$X_1,\ X_2,\ \cdots,\ X_n$ を連続的とする．離散的な場合は $\int$ を $\sum$ に置き換えればよい．$f(x_1,\ x_2,\ \cdots,\ x_n:\theta)$ を $X=(X_1,\ X_2,\ \cdots,\ X_n)$ の同時密度関数とすれば，$\hat{\theta}$ が不偏推定量であるから

$$\int\cdots\int\hat{\theta}(x_1,\ x_2,\ \cdots,\ x_n)f(x_1,\ x_2,\ \cdots,\ x_n:\theta)dx_1dx_2\cdots dx_n=\theta$$

これをここで簡単に次のように書く．

$$\int\hat{\theta}(x)f(x:\theta)dx=\theta$$

と表す．ここで両辺を θ で微分すると次がえられる:

(C)
$$\int\hat{\theta}(x)\frac{\partial f(x:\theta)}{\partial\theta}dx=1$$

これを変形して

$$\int\hat{\theta}(x)\frac{\partial\log f(x;\theta)}{\partial\theta}f(x;\theta)dx=1$$

すなわち，これは期待値に書き換えると次のようになる．

(*)
$$E\left(\frac{\partial\log f(X;\theta)}{\partial\theta}\hat{\theta}(X)\right)=1$$

ここで

$$E\left(\frac{\partial\log f(X;\theta)}{\partial\theta}\right)=0$$

であることに留意しよう．なぜならば

$$\int f(x;\theta)dx=1$$

を θ で微分すれば

(C)
$$\frac{\partial}{\partial\theta}\int f(x;\theta)dx=\int\frac{\partial f(x;\theta)}{\partial\theta}dx=0$$

しかしこれの意味するところは次の通りである．

$$\begin{aligned}E\left(\frac{\partial\log f(X;\theta)}{\partial\theta}\right)&=\int\frac{\partial\log f(x;\theta)}{\partial\theta}f(x;\theta)dx\\&=\int\frac{\partial f(x;\theta)}{\partial\theta}dx=0\end{aligned}$$

したがって $(*)$ の左辺は共分散を用いて次のように変形される．

$$E\left(\frac{\partial \log f(X;\theta)}{\partial\theta}\hat{\theta}(X)\right) = E\left((\hat{\theta}(X)-\theta)\left(\frac{\partial \log f(X;\theta)}{\partial\theta} - 0\right)\right)$$
$$= \mathrm{Cov}\left(\hat{\theta}, \frac{\partial \log f(X;\theta)}{\partial\theta}\right)$$

定理 6.6 により相関係数の絶対値は 1 を越えないから

$$V(\hat{\theta})V\left(\frac{\partial \log f(X;\theta)}{\partial\theta}\right) \geq 1$$

すなわち，

$$(\#) \qquad V(\hat{\theta}) \geq \frac{1}{V\left(\frac{\partial \log f(X;\theta)}{\partial\theta}\right)}$$

をえる．

ところで $X_1,\ X_2,\ \cdots, X_n$ は標本確率変数であるから

$$f(x:\theta) = \prod_{i=1}^{n} p(x_i,\theta)$$

したがって

$$\frac{\partial \log f(x:\theta)}{\partial\theta} = \sum_{i=1}^{n} \frac{\partial \log p(x_i:\theta)}{\partial\theta}$$

各 $p(X_i:\theta)$ は同一分布をもつから $V\left(\partial \log p(x_i:\theta)/\partial\theta\right)$ は同じである．ここで

$$E\left(\frac{\partial \log f(X;\theta)}{\partial\theta}\right) = 0$$

を思い出せば，

$$E\left(\frac{\partial \log p(X_i;\theta)}{\partial\theta}\right) = 0$$

であるから

$$V\left(\frac{\partial \log p(X_i:\theta)}{\partial\theta}\right) = E\left[\left(\frac{\partial \log p(X_i:\theta)}{\partial\theta}\right)^2\right] - E\left(\frac{\partial \log p(X_i:\theta)}{\partial\theta}\right)^2$$
$$= E\left[\left(\frac{\partial \log p(X_i:\theta)}{\partial\theta}\right)^2\right] = E\left[\left(\frac{\partial \log p(X;\theta)}{\partial\theta}\right)^2\right]$$

ゆえに（#）の右辺の分母は

$$V\left(\frac{\partial \log f(X;\theta)}{\partial\theta}\right) = nE\left[\left(\frac{\partial \log p(X;\theta)}{\partial\theta}\right)^2\right]$$

である．

注 11.2.1. この定理における正則条件とは，上の証明における (C) の部分の微分と積分の交換ができるということである．

この定理により，母係数 θ の不偏推定量 $\hat{\theta}$ の分散に関してその最小限界が示されたことになる．もし $\hat{\theta}$ がクラーメル - ラオの等式を満たせば，不偏推定量の中で最小分散性をも満たしていることになるから，好ましい推定量であるといえる．このような推定量を θ の有効推定量 (efficient estimator) という．

次で離散的な場合と，連続的な場合の有効推定量の例を挙げる．

例 11.2.1. 2 項分布 $B(n,p)$ にしたがう確率変数 X に対して $\hat{p} = \frac{X}{n}$ は有効推定量である．あるいは，(0,1)-分布 $B(1,p)$ からの標本確率変数 X_1，X_2，$\cdots, X_n$ に対して $\hat{p} = \overline{X} = \frac{X}{n}$ は p の有効推定量である．

解答 定理 4.3 から $E(\hat{p}) = p$ であるから $\hat{p}$ は p の不偏推定量である．かつその分散は

$$V(\hat{p}) = \frac{V(X)}{n^2} = \frac{p(1-p)}{n}$$

である．これがクラーメル - ラオの等式を満たすことをいう．2 項分布の密度関数は

$$f(x;p) = \binom{n}{x} p^x (1-p)^{n-x}$$

であるからその対数を p で微分すれば

$$\begin{aligned}\frac{\partial \log f(x;p)}{\partial p} &= \frac{\partial}{\partial p}\left[\log\binom{n}{x} + x\log p + (n-x)\log(1-p)\right]\\ &= \frac{x}{p} - \frac{n-x}{1-p} = \frac{x-np}{p(1-p)}\end{aligned}$$

ゆえに

$$V\left(\frac{\partial \log f(X;\theta)}{\partial\theta}\right) = nE\left[\left(\frac{\partial \log p(X;\theta)}{\partial\theta}\right)^2\right] = \frac{n}{p(1-p)}$$

である．よってこれは $1/V(\hat{p})$ である．

例 **11.2.2.** ポアソン分布 $P(\lambda)$ からの標本確率変数 X_1，X_2，$\cdots$，X_n に対して $\overline{X}$ は λ の有効推定量である．

解答

$$f(x:\lambda)=e^{-\lambda}\frac{\lambda^x}{x!}$$

であるから

$$\log f(x:\lambda)=-\lambda+x\log\lambda-\log(x!)$$

これを λ で微分する．

$$\frac{\partial\log f(x:\lambda)}{\partial\lambda}=-1+\frac{x}{\lambda}=\frac{x-\lambda}{\lambda}$$

ゆえに

$$E\left[\left(\frac{\partial\log f(X:\lambda)}{\partial\lambda}\right)^2\right]=\frac{1}{\lambda^2}E((X-\lambda)^2)=\frac{1}{\lambda^2}V(X)=\frac{1}{\lambda}$$

一方系 4.5 により $V(\overline{X})=\lambda/n$ であるから

$$V(\overline{X})=\frac{1}{nE\left[\left(\frac{\partial\log f(X:\lambda)}{\partial\lambda}\right)^2\right]}=\frac{\lambda}{n}$$

例 **11.2.3.** 正規分布 $N(\mu,\sigma^2)$ からの標本確率変数 X_1，X_2，$\cdots$，X_n に対して $\overline{X}$ は μ の有効推定量である．

解答　定理 7.4 により $\overline{X}$ は μ の不偏推定量である．よって $\hat{\mu}=\overline{X}$ がクラーメル - ラオの等式を満たすことをいう．$N(\mu,\sigma^2)$ の密度関数は

$$f(x;\mu)=\frac{1}{\sqrt{2\pi}\sigma}e^{-\frac{(x-\mu)^2}{2\sigma^2}}$$

であるから

$$\log f(x;\mu)=-\frac{1}{2}\log(2\pi\sigma^2)-\frac{(x-\mu)^2}{2\sigma^2}$$

$$\frac{\partial\log f(x;\mu)}{\partial\mu}=\frac{(x-\mu)}{\sigma^2}$$

よって

$$E\left(\left(\frac{\partial\log f(X;\mu)}{\partial\mu}\right)^2\right)=\frac{1}{\sigma^2}$$

である．$V(\overline{X}) = \frac{\sigma^2}{n}$ であるから，等式が成り立つことが証明された．

統計量が有効推定量であるかどうかの決定は，必ずしもクラーメル - ラオの定理によってうまくいかない場合もある．その典型的な例を次に述べよう．

正規母集団 $N(\mu, \sigma^2)$ からの標本確率変数を X_1，X_2，$\cdots$，X_n とする．このとき母平均 μ は未知であるとしておく．このとき不偏標本分散統計量

$$U^2 = \frac{1}{n-1}\sum_{i=1}^{n}(X_i - \overline{X})^2$$

は系 8.2 により σ^2 の不偏推定量である．さらにこれは有効推定量であることもわかっている．しかし，U^2 はクラーメル - ラオの等式を満たしてはいない．

実際これが等式を満たしていないことが次のようにしていえる．簡単のために $\sigma^2 = \tau$ とおく．

$$\log f(x;\tau) = -\frac{(x-\mu)^2}{2\tau} - \frac{1}{2}\log(2\pi\tau)$$

τ で微分すれば

$$\frac{\partial \log f(x;\tau)}{\partial \tau} = \frac{(x-\mu)^2}{2\tau^2} - \frac{1}{2\tau}$$

定理 8.5 により $\sum_{i=1}^{n}(X_i - \overline{X})^2/\tau$，$\sum_{i=1}^{n}(X_i - \mu)^2$ は自由度 $n-1$，n の χ^2-分布にしたがうから

$$E\left[\left(\frac{\partial f(X;\tau)}{\partial \tau}\right)^2\right] = \frac{1}{4\tau^2}E\left[\left(\frac{(X-\mu)^2}{\tau} - 1\right)^2\right]$$
$$= \frac{1}{2\tau^2}$$

ゆえに等式の左辺は

$$\frac{1}{nE\left[\left(\frac{\partial \log p(X;\theta)}{\partial \theta}\right)^2\right]} = \frac{2\tau^2}{n}$$

一方，定理 8.5 により

$$\frac{(n-1)U^2}{\tau} = \chi^2_{n-1}$$

定理 8.6 から $V(\chi^2_{n-1}) = 2(n-1)$ であるから

$$V(U^2) = \frac{2\tau^2}{n-1} > \frac{2\tau^2}{n}$$

となり，等式は成立しない．

不偏推定量を1つのよりどころとして有効推定量をベストとする推定法について述べた．しかし，この不偏推定量のクライテリアは次のような問題点をもっている．

1つは母係数の不偏推定量であっても，母係数の変換に関して不変ではないということが挙げられる．すなわち，$\hat{\theta}$ を θ の不偏推定量であっても，$f(\hat{\theta})$ は必ずしも，$f(\theta)$ の不偏推定量にはならないということである．たとえば，正規分布 $N(\mu,\sigma^2)$ の場合，U^2 は σ^2 の不偏推定量ではあるが，U は σ の不偏推定量ではない．2つには，どんな母係数も不偏推定量をもつとは限らないということである．たとえば，上の正規分布の場合 $|\mu|$ の不偏推定量は存在しない．

11.3 最尤推定量

いかなる推定量を用いるかがわからない場合，推定量を機械的に導く方法に最尤推定法がある．最尤推定法はかならずしも不偏推定量を導くとは限らないが，多くの場合合理的な推定量を与えるものである．密度関数 $f(x;\theta_1,\ \theta_2,\ \cdots,\ \theta_n)$ をもつ母集団からの標本確率変数 $X_1,\ X_2,\ \cdots,\ X_n$ の実現値 $x_1,\ x_2,\ \cdots,\ x_n$ とする．このとき

$$L(\theta_1,\ \theta_2,\ \cdots,\ \theta_n)=\prod_{i=1}^{n} f(x_i;\theta_1,\ \theta_2,\ \cdots,\ \theta_n)$$

を尤度関数(likelihood function) という．またその対数

$$l(\theta_1,\ \theta_2,\ \cdots,\ \theta_n)=\log L(\theta_1,\theta_2,\ \ \cdots,\ \theta_n)$$

を対数尤度関数(log likelihood function) という．

尤度関数，対数尤度関数は簡単に $L(\theta)$，$l(\theta)$ と表す場合もある．尤度関数の中の $x_1,\ x_2,\ \cdots,\ x_n$ は実現値であるから，定数である．これを変数と見れば，確率変数 $X=(X_1,\ X_2,\ \cdots,\ X_n)$ の同時密度関数となり，これをこれまで簡単に $f(X:\theta)$ と表してきた．

尤度関数を最大にする $(\theta_1,\ \theta_2,\ \cdots,\ \theta_n)=(\hat{\theta}_1,\ \hat{\theta}_2,\ \cdots,\ \hat{\theta}_n)$ があれば，各 i について

$$\hat{\theta}_i=\hat{\theta}_i(x_1,\ x_2,\ \cdots,\ x_n)$$

を θ_i の最尤推定値という．この実現値の変わりに変数で置き変えた

$$\hat{\theta}_i(X_1,\ X_2,\ \cdots,\ X_n)$$

を θ の最尤推定量という．この最尤推定法の正当性は次の通りである．

母集団が離散的な場合で考えると，現在の実現値 $x_1,\ x_2,\ \cdots,\ x_n$ が同時にえられる確率は $L(\theta_1,\ \theta_2,\ \cdots,\ \theta_n)$ で与えられているから，これを最大にするパラメーター $\hat{\theta}_i$ が θ の推定値として考えるのが，自然であるということである．ある事象が起きたのは，その確率が最大だからこそ起こったのであるとみる．"最尤"(most likely) はここからきている．

例 **11.3.1.** 2 項分布 $B(n,p)$ の p の最尤推定量を求める．

解答

尤度関数 $L(p)=\binom{n}{x}p^x(1-p)^{n-x}$ であるから，対数尤度関数は

$$l(p)=x\log p+(n-x)\log(1-p)+\log\binom{n}{x}$$

で定義される．$L(p)$ を最大にすることと $l(p)$ を最大にすることは同じであるから，これを微分して 0 とおく．

$$0=\frac{x}{p}-\frac{n-x}{1-p}$$

これを解くと最尤推定値は $\hat{p}=x/n$，最尤推定量は

$$\hat{p}=\frac{X}{n}$$

である．

例 **11.3.2.** 正規母集団 $N(\mu,\sigma^2)$ の μ と σ^2 の最尤推定量を求める．

解答

$\sigma^2=\tau$ とおくと，対数尤度関数は

$$l(\mu,\tau)=-\frac{n}{2}\log\tau-\frac{n}{2}\log(2\pi)-\frac{n(\overline{x}-\mu)^2}{2\tau}-\frac{\sum(x_i-\overline{x})^2}{2\tau}$$

これを μ で微分して 0 とおけば明らかに $\hat{\mu}=\overline{x}$ となる．これを $l(\mu,\tau)$ に代入すれば

$$l(\overline{x},\tau)=-\frac{n}{2}\log\tau-\frac{n}{2}\log(2\pi)-\frac{\sum(x_i-\overline{x})^2}{2\tau}$$

これを τ で微分して 0 とおけば,

$$0 = -\frac{n}{2\tau} + \frac{\sum(x_i - \overline{x})^2}{2\tau^2}$$

となる．これを解いて $\hat{\tau} = \sum(x_i - \overline{x})^2/n$ となる．よって μ, σ^2 の最尤推定量は

$$\hat{\mu} = \overline{X}, \quad \hat{\sigma^2} = \frac{\sum_{i=1}^{n}(X_i - \overline{X})^2}{n}$$

この例で留意すべきは，σ^2 の最尤推定量は不偏推定量にはなっていないということである．つまり最尤推定量は有効推定量を与えるものではない．この点は最尤推定法の欠点である．

クラーメル - ラオの不等式は対数尤度関数の θ に関する 1 次微分を用いて表現される（定理 11.1 の証明における (#)）が，2 次の微分を用いて計算される．

定理 11.2. 微分と積分の交換が成り立つならば，クラーメル - ラオの不等式の分母は

$$V\left(\frac{\partial \log f(X:\theta)}{\partial\theta}\right) = E[-l''(\theta)]$$

で与えられる．

証明　$l(\theta : x) = l(\theta)$ の 1 次微分は

$$l'(\theta : x) = \frac{1}{f(x:\theta)}\frac{\partial f(x:\theta)}{\partial\theta}$$

このとき次を最初に示しておく．

$$(*) \qquad V\left(\frac{\partial \log f(X:\theta)}{\partial\theta}\right) = E\left[\left(\frac{\partial \log f(X:\theta)}{\partial\theta}\right)^2\right]$$
$$= \int\left(\frac{1}{f(x:\theta)}\frac{\partial \log f(x:\theta)}{\partial\theta}\right)^2 f(x:\theta)dx$$
$$= \int \frac{1}{f(x:\theta)}\left(\frac{\partial \log f(X:\theta)}{\partial\theta}\right)^2 dx$$

l' をもう一度 θ で微分すれば

$$l''(\theta : x) = \frac{\partial}{\partial\theta}\left(\frac{1}{f(x:\theta)}\frac{\partial f(x:\theta)}{\partial\theta}\right)$$
$$= \frac{1}{f(x:\theta)}\frac{\partial^2 f(x:\theta)}{\partial\theta^2} - \left(\frac{1}{f(x:\theta)}\frac{\partial f(x:\theta)}{\partial\theta}\right)^2$$

この両辺に $f(x:\theta)$ をかけて積分する（$*$）から

$$E[l^{''}(\theta:X)] = \int \frac{\partial^2}{\partial\theta^2} f(x:\theta)dx - V\left(\frac{\partial f(X:\theta)}{\partial\theta}\right)$$

となる．ところで定理 11.1 の証明では

$$\int \frac{\partial}{\partial\theta} f(x:\theta)dx = 0$$

を仮定している．ここでさらに微分と積分の交換を許せば，

$$\int \frac{\partial^2}{\partial\theta^2} f(x:\theta)dx = 0$$

である．これより

$$V\left(\frac{\partial \log f(X:\theta)}{\partial\theta}\right) = E[-l^{''}(\theta:X)]$$

をえる．

この証明中の $f(x:\theta)$ は $X=(X_1,\ X_2,\ \cdots,\ X_n)$ の同時密度関数であることに注意しよう。

この定理を使えば，正規母集団 $N(\mu,\sigma^2)$ からの標本確率変数 $X_1,\ X_2,\ \cdots,\ X_n$ による σ^2 の不偏推定量のクラーメル - ラオの不等式の下限を求めることができる．

例 **11.3.3.** σ^2 の不偏推定量の下限は $2\sigma^4/n$ である．

解答

$n=1$ の場合をみれば十分である．$\sigma^2=\tau$ とおけば，正規分布 $N(\mu,\sigma^2)$ の密度関数は

$$f(x:\tau) = \frac{1}{\sqrt{2\pi\tau}} e^{-\frac{(x-\mu)^2}{2\tau}}$$

であるから

$$l(\tau:x) = -\frac{(x-\mu)^2}{2\tau} - \frac{1}{2}\log(2\pi\tau)$$

これを τ で 2 回微分すれば

$$-l^{''}(\tau:x) = \frac{(x-\mu)^2}{\tau^3} - \frac{1}{2\tau^2}$$

これより

$$E[-l''(\tau : X)] = \frac{\tau}{\tau^3} - \frac{1}{2\tau^2} = \frac{1}{2\tau^2}$$

で与えられる．

以上最尤推定法は推定量の構成法としては実用性があるが，普遍性を保持するとは限らないという欠点をもつものであることを述べた．

しかし，最尤推定法のこの欠点は，標本サイズ n が大きい場合には，このような欠点も漸近的に修正される．

定理 11.3. 密度関数 $f(x;\theta)$ をもつ母集団からのサイズ n の標本確率変数 $X_1, X_2, \cdots, X_n$ による母係数 θ の最尤推定量 $\hat{\theta}_n = \hat{\theta}_n(X_1, X_2, \cdots, X_n)$ が与えられているとする．このとき十分な正則条件のもとで $n \to \infty$ とすれば次の収束が示される:

(1) $\hat{\theta}_n \longrightarrow \theta$ (確率収束)

(2) $\sqrt{n}E(\hat{\theta}_n - \theta) \longrightarrow 0$

(3) $nV(\hat{\theta}_n) \longrightarrow \dfrac{1}{E\left[\left(\frac{\partial f(X;\theta)}{\partial \theta}\right)^2\right]}$

証明 省略

(2) は $\hat{\theta}_n$ が漸近的に不偏推定量に近づくことを意味している．(3) は大きい n について $\hat{\theta}_n$ がクラーメル - ラオの等式を満たすことを意味している．すなわち，最尤推定量は漸近的に有効推定量であることを意味している．これが最尤推定量の漸近有効性である．

(1) の性質も推定論の方略の 1 つとして挙げられる．このような性質を一致性という．

定義 11.1. θ の推定量 $\hat{\theta}_n(X_1, X_2, \cdots, X_n)$ が

$$\hat{\theta}_n(X_1, X_2, \cdots, X_n) \longrightarrow \theta \quad \text{(確率収束)}$$

を満たすとき，$\hat{\theta}_n$ は一致性をもつといい，θ の一致統計量(consistent estimator) という．

したがって上の定理の (1) は最尤推定量は一致統計量であることを意味している．

以上の点を正規分布の分散の推定量について見てみよう．正規母集団 $N(\mu, \sigma^2)$ の σ^2 の最尤推定量は例 11.3.2 により

$$\hat{\sigma^2} = \frac{\sum_{i=1}^{n}(X_i - \overline{X})^2}{n} = \frac{\sum_{i=1}^{n}(X_i - \mu)^2}{n} - (\overline{X} - \mu)^2$$

である．ここで $n \to \infty$ とすれば，大数の法則から $\overline{X} \to \mu$ （確率収束）がいえる．同様に $\sum(X_i - \mu)^2/n$ に大数の法則を適用すれば，$\sum(X_i - \mu)^2/n \to \sigma^2$ （確率収束）になる．よって $\hat{\sigma^2}$ は σ^2 に確率収束する．これが (1) のことである．

次に $\hat{\sigma^2}$ の期待値は

$$E(\hat{\sigma^2}) = \frac{n-1}{n}\sigma^2$$

であるから，

$$\sqrt{n}\left(\frac{n-1}{n}\sigma^2 - \sigma^2\right) = -\sqrt{n}\frac{\sigma^2}{n} \to 0 \quad (n \to \infty)$$

となり，(2) が成り立つ．また系 8.2 より

$$V(\hat{\sigma^2}) = \frac{2(n-1)\sigma^4}{n^2}$$

であるから

$$nV(\hat{\sigma^2}) = \frac{n-1}{n}2\sigma^4 \to 2\sigma^4 \quad (n \to \infty)$$

例 11.3.3 から (3) も成り立つことがわかる．すなわち，σ^2 の最尤推定量 $\hat{\sigma^2}$ の漸近有効性が示された．

11.4 区間推定法

母集団の密度関数を規定する母係数 θ を 1 点で推定するのが，点推定法であった．それに対して，θ を区間で推定する方法が区間推定法である．

信頼係数 α を与えたとき，統計量 $Y = \varphi(X_1,\ X_2,\ \cdots,\ X_n)$ の分布を調べ，それによって

$$P\left(\theta_1(\alpha) \leq Y \leq \theta_2(\alpha)\right) = \alpha$$

なる区間 $[\theta_1(\alpha), \theta_2(\alpha)]$ の実現値で推定する．このときの信頼度は α である．

これらの実際的手続きは，各連続的分布の応用としてこれまで述べてきたものである．したがって，ここではそれらをまとめるのみにとどめる．

区間推定法の実際

(i) $N(\mu,\sigma^2)$ の σ^2 が既知の場合，μ の区間推定 ⟶7.1 節 **応用 2**

(ii) $N(\mu_x,\sigma_x^2)$，$N(\mu_y,\sigma_y^2)$ の σ_x^2，σ_y^2 が既知の場合，$\mu_x-\mu_y$ の区間推定 ⟶7.2 節 **応用 1**

(iii) $N(\mu,\sigma^2)$ の σ^2 の区間推定法 ⟶8.3 節 **応用 1**

(iv) $N(\mu,\sigma^2)$ の σ^2 が未知の場合，μ の区間推定法 ⟶10.2 節 **応用 1**

(v) $N(\mu_x,\sigma^2)$，$N(\mu_y,\sigma^2)$ の σ^2 が未知の場合，$\mu_x-\mu_y$ の区間推定法 ⟶10.2 節 **応用 2**

12 検定論

これまで正規分布，χ^2-分布，F-分布，t-分布にしたがう統計量の応用として，仮説検定の実際的手続きについて述べてきた．そこでの仮説検定の手順を再度述べれば，次のようになる．

(1) 仮説の設定

仮説の検定とは母集団の分布を決定する係数（これを母係数という）θ に関する何らかの仮説を，データから決定するものである．一般に母係数 θ の存在する範囲 Θ が与えられているとき，これの相反する範囲 Θ_0, Θ_1 が与えられているとする，すなわち，

$$\Theta = \Theta_0 \cup \Theta_1,\ \Theta_0 \cap \Theta_1 = \emptyset$$

このとき次のように仮説 H_0, H_1 を設定する． 最初に設定する仮説 $H_0 : \theta \in \Theta_0$ を帰無仮説(null hypothesis) という．

これを無に帰す仮説と訳するのは，その場合が意味があるからである．つまり“否定されることに意味がある”からである．これは一般の仮説の検証を考えてみれば頷くことができよう．

いま，これまでの情報で“すべてのカラスは黒い”という仮説を設定したとしよう．観測の結果，これに対する反例が挙がったとき否定され，その否定された仮説は意味をもつものとなるからである．すなわち，“すべてのカラスは黒くはない”という反対の仮説が意味のあるものと結論されることになるからである．

逆に観測の結果，“あるカラスは黒かった”ことがわかった場合はどうであろうか．この場合，この限りでは仮説は否定はされない．しかし，すべてのカラスは黒いを採用することに意味があるわけではない．あえていえば，この時点までは，すべてのカラスは黒いという仮説に，合致する事実が発見されただけにすぎない．

この帰無仮説 H_0 に対して，その反対の仮説 $H_1 : \theta \in \Theta_1$ をあらかじめ設定しておく．この仮説を対立仮説(alternative hypothesis) という．この仮説は H_0 が否定されたときに採用する仮説であるから，このときに有意であるという．

このペアを簡単に次のように書く．

$$H_0 : \theta \in \Theta_0, \quad H_1 : \theta \in \Theta_1$$

どのような仮説を設定するかはそれぞれのケースによる．もし

$$H_0 : \theta = \theta_0, \quad H_1 : \theta \neq \theta_1$$

である場合には，この検定を両側検定という．もし

$$H_0 : \theta = \theta_0, \quad H_1 : \theta > \theta_0 \text{ または } \theta < \theta_0$$

ならば，片側検定という．

このような帰無仮説においては Θ_0 が 1 点であるから，そのような仮説を単純帰無仮説という．これに反して，対立仮説は Θ_1 が 1 点ではないから，複合対立仮説という．

(2) 統計量と棄却域の設定

その母集団からの標本確率変数 X_1, X_2, $\cdots$, X_n に対して適当な統計量

$$T = \varphi(X_1,\ X_2,\ \cdots,\ X_n)$$

を選択しなければならない．この T は仮説 H_0 のもとでは母係数 θ に依存しないものでなければならない．この結果 T は分布をもつことになり，実現値に対する確率がわかることになる．

このような条件のもとで，T の実現値として起こりにくい T の領域 W を探す．これは完全に起こらない部分ではなく，起こる確率が小さい部分である．つまり，帰無仮説のもとでめったに起こらない領域である．この場合どの程度小さい確率の事象をほとんど起こらないとみなすかは，こちらで設定する．すなわち，

$$P(T \in W \mid H_0) = \alpha$$

は与えられなければならない．この α は 0.05 または 0.01 にとるのが一般的である．

(3) 仮説の検定を行う

標本確率変数 $X_1,\ X_2,\ \cdots,\ X_n$ の実現値 $x_1,\ x_2,\ \cdots,\ x_n$ に対して T の実現値

$$t = \varphi(x_1,\ x_2,\ \cdots,\ x_n)$$

が計算される．いま T の実現値として t をえたわけであるが，これをどう解釈したらよいのであろうか．

もし，$t \in W$ であれば，仮説 H_0 のもとで起こりにくいことが起こったことになり H_0 の真が疑われる．ゆえにこれを棄却してその対立仮説 H_1 が採用されることになる．

もし，$t \notin W$ であれば，帰無仮説の成立を疑う根拠にはならないから H_0 をこの限りでは採用することになる．

このように W はそこに T の実現値が落ちれくれば，H_0 が棄却される領域であるから，この検定の棄却域(critical region) とよばれる．この棄却域は T の α の確率をもつ領域であるから α に依存している．よって $W(\alpha)$ と書かれる．

以上により検定の手続きが与えられたわけであるが，そもそも完全無欠なる検定はありえない．なぜならば，繰り返し述べてきたように，本来無限から規定される母係数を有限個のデータにより決定しようとするからである．そこでこの検定の手続きのそれぞれにおける誤りについて考慮しなければならない．

(4) 検定手続きにおける誤りの考察を行う．

帰無仮説を棄却するとき考えられる誤りを第 **1** 種の誤りといい，その確率を有意水準という．これは上の式から

$$\alpha = P(T \in W \mid H_0)$$

で与えられる．これに対して，帰無仮説を採用するとき考えられる誤りを第 **2** 種の誤りといい，その確率を $1-\beta$ で表す．すなわち，

$$1 - \beta = P(T \notin W \mid H_1)$$

と表される．

良い検定のクライテリアとしてはこの両確率 α, $1-\beta$ を同時に小さくすることが考えられる．しかし，標本のサイズ n を一定にする限り，一般にはそれは不可能である．一方を小さくすれば，他方が大きくなってしまうのである．そこで，α を一定にしておいて，その中で $1-\beta$ を最小にする検定を望ましいものとして採用することになる．すなわち，

$$\alpha = P(T \in W(\alpha)) \,|\, H_0) = 一定$$

のもとで

$$1-\beta = P(T \notin W(\alpha) \,|\, H_1) = 最大$$

なる $W(\alpha)$ を選ぶわけである．対立仮説 H_1 のもとで $\theta = \theta_1$ を真の値とすれば，次のように書き改めることができる．

$$1-\beta(\theta_1, \alpha) = P(T \notin W(\alpha) \,|\, \theta = \theta_1)$$

このとき

$$\beta(\theta_1, \alpha) = 1 - P(T \notin W(\alpha) \,|\, \theta = \theta_1)$$

を θ_1 の関数と考えて検定 $[T, W(\alpha)]$ の検定力関数という．与えられた有意水準 α に対してこの検定力関数を最大にする検定が良い検定ということになる．

一般に統計量 T による棄却域 $W_0(\alpha)$ をもつ検定の検定力関数が，対立仮説 H_1 : $\theta = \theta_1$ に対して

$$(*) \qquad \beta(\mu_1, W(\alpha)) \leq \beta(\mu_1, W_0(\alpha)) \quad \forall W(\alpha)$$

を満たすとき，検定 $[T, W_0(\alpha)]$ を $[T, W(\alpha)]$ の中の最強力検定という．もし $(*)$ が任意の μ_1 に対してこれが成立するときに，検定 $[T, W_0(\alpha)]$ を $[T, W(\alpha)]$ の中の一様最強力検定という．

以上を具体的な例で示してみよう．

母集団が正規分布 $N(\mu, 1)$ からのサイズ n の標本確率変数 X_1, X_2, $\cdots$, X_n を用いて帰無仮説

$$H_0 : \ \mu = 0$$

の検定を行ってみる．実はこれは 7.1 節で与えたものの特別な事例であることに注意して欲しい．そこで与えたように，統計量

$$Z = (\overline{X} - 0)\sqrt{n}$$

による検定を行うことにする．対立仮説は

$$H_1 :\ \mu = \mu_1\ (\neq 0)$$

とする．この統計量に対する棄却域を

$$W(\alpha) = (-\infty, t_1] \cup [t_2, \infty)$$

とすれば，仮説 H_0 のもとで $Z \sim N(0,1)$ であるから

(1) $$\frac{1}{\sqrt{2\pi}} \int_{t_1}^{t_2} e^{-\frac{z^2}{2}} dz = 1 - \alpha$$

である．対立仮説 H_1 のもとで $Z \sim N(\sqrt{n}\mu_1, 1)$ であるから第 2 種の誤りをおかさない確率は

(2) $$\beta(\mu_1, W(\alpha)) = 1 - \frac{1}{\sqrt{2\pi}} \int_{t_1}^{t_2} e^{-\frac{(z-\sqrt{n}\mu_1)^2}{2}} dz$$

で与えられる．これを最大ならしめる t_1，t_2 を求めるために，(1)，(2) の両辺を t_1 で微分すると次をえる．

(3) $$\frac{1}{\sqrt{2\pi}} e^{-\frac{t_2^2}{2}} \frac{dt_2}{dt_1} - \frac{1}{\sqrt{2\pi}} e^{-\frac{t_1^2}{2}} = 0$$

(4) $$\frac{d\beta}{dt_1} = \frac{1}{\sqrt{2\pi}} e^{-\frac{(t_1-\sqrt{n}\mu_1)^2}{2}} - \frac{1}{\sqrt{2\pi}} e^{-\frac{(t_2-\sqrt{n}\mu_1)^2}{2}} \frac{dt_2}{dt_1}$$

(3) から dt_2/dt_1 を求めこれを (4) に代入すれば

$$\frac{d\beta}{dt_1} = \frac{1}{\sqrt{2\pi}} e^{-\frac{(t_1^2 - n\mu_1^2)}{2}} \left(e^{t_1\sqrt{n}\mu_1} - e^{t_2\sqrt{n}\mu_1} \right)$$

をえる．$t_1 < t_2$ であるから微分の正負を考えれば次の表をえる．この結果，対立仮説が $\mu_1 > 0$ であれば，右片側検定が，$\mu_1 < 0$ であれば，左片側検定が良い検定であることがわかる．

μ_1	$\frac{d\beta}{dt_1}$	β	最大値をとる t	$W(\alpha)$
$\mu_1 > 0$	< 0	t_1 の減少関数	$t_1 = -\infty$	$[z(\alpha), \infty)$
$\mu_1 < 0$	> 0	t_1 の増加関数	$t_2 = \infty$	$(-\infty, -z(\alpha)]$

$$z(\alpha):\ \left(\int_{z(\alpha)}^{\infty} \frac{1}{\sqrt{2\pi}} e^{-\frac{z^2}{2}} dz = \alpha\right)$$

関数 $\beta(\mu_1, W(\alpha))$ の性質から次のような結論をえる．

検定を統計量 Z に限定した場合，すべての $\mu_1 \neq 0$ に対しては一様最強力検定は存在しない．しかし，$\mu_1 > 0$ に対しては右片側検定が一様最強力であり，$\mu_1 < 0$ に対しては左片側検定が一様最強力である．

この結論において注意すべきは，検定の統計量を Z に限定した場合のことである．採用すべき統計量のすべてにおいても，上のような結論は正しいかどうかは別の議論である．

この点について有名なネイマン - ペアソンの結果がある．そのために，上の限定された統計量 Z の中での，最強力検定，一様最強力検定の概念を少しだけ変更する．

いま仮説

$$H_0:\ \theta \in \Theta_0, \quad H_1:\ \theta \in \Theta_1$$

に対する有意水準 α の検定を考える．上の例と違って，あらゆる統計量を考慮して棄却域 W を標本確率変数 $(X_1,\ X_2,\ \cdots,\ X_n)$ の実現値

$$x = (x_1,\ x_2,\ \cdots,\ x_n) \in \mathbb{R}^n$$

の存在領域 $W(\alpha) \subset \mathbb{R}^n$ として決める．すなわち，

$$x \in W(\alpha) \Longrightarrow H_0 \text{ を棄却し } H_1 \text{ を採用する}$$

$$x \notin W(\alpha) \Longrightarrow H_0 \text{ を採用する}$$

とする．検定とはこの棄却域 $W(\alpha)$ を決定することであるとみる．

このとき，有意水準 α の検定 $W(\alpha)^*$ が最強力検定であるとは

$$\beta(W(\alpha)^*, \theta) \geq \beta(W(\alpha), \theta)$$

が任意の $\theta \in \Theta_1$ についていえることである．もし対立仮説が単純仮説であれば，最強力検定とよばれる．

定理 12.1.（ネイマン - ペアソンの定理）密度関数 $f(x:\theta)$ をもつ母集団からの標本確率変数 X_1，X_2，$\cdots$，$X_,$ を用いて単純仮説

$$H_0:\ \theta = \theta_0, \quad H_1:\ \theta = \theta_1$$

を検定するとする．実現値 $x = (x_1,\ x_2,\ \cdots,\ x_n)$ の集合 $W_0(\alpha) \subset \mathbb{R}^n$ が次の (1), (2) を満たすように定められた棄却域とする．

(1)
$$\begin{cases} \dfrac{\displaystyle\prod_{i=1}^{n} f(x_i:\theta_1)}{\displaystyle\prod_{i=1}^{n} f(x_i:\theta_0)} > c \Longrightarrow x \in W_0(\alpha), \\ \\ \dfrac{\displaystyle\prod_{i=1}^{n} f(x_i:\theta_1)}{\displaystyle\prod_{i=1}^{n} f(x_i:\theta_0)} < c \Longrightarrow x \notin W_0(\alpha) \end{cases}$$

(2)
$$P(X \in W_0(\alpha) \,|\, H_0) = \alpha$$

このときこの検定は

$$P(X \in W(\alpha) \,|\, H_0) \leq \alpha$$

を満たすすべての $W(\alpha)$ に対して

$$\beta(W_0(\alpha), \theta_1) \geq \beta(W(\alpha), \theta_1)$$

証明　省略

この定理は，与えられた検定が最有力検定かどうかの判定を行う 1 つの方法を述べている．

例 12.0.1. 正規母集団 $N(\mu, 1)$ からのサイズ n の標本確率 $X_1,\ X_2,\ \cdots,\ X_n$ を用いて仮説

$$H_0:\ \mu = 0, \quad H_1 : \mu = \mu_1\ (> 0)$$

の検定を行うとき，統計量 Z（上で定義したもの）で行う有意水準 α の右片側検定は有意水準が α 以下の中の一様最強力検定である．

解答　母集団が $N(\mu, 1)$ であるから

$$f(x : \mu) = \frac{1}{\sqrt{2\pi}} e^{-\frac{(x-\mu)^2}{2}}$$

いま

$$\frac{\displaystyle\prod_{i=1}^{n} f(x_i : \mu_1)}{\displaystyle\prod_{i=1}^{n} f(x_i : 0)} = e^{\left(\sum_{i=1}^{n} x_i\right)\mu_1 - \frac{1}{2}n\mu_1^2} > c$$

を次のように変形する．

$$\begin{aligned} e^{\left(\sum_{i=1}^{n} x_i\right)\mu_1 - \frac{1}{2}n\mu_1^2} > c &\iff e^{\mu_1 \sum x_i} > ce^{\frac{1}{2}n\mu_1^2} = c_1 \\ &\iff \mu_1 \sum x_i > \log c_1 = c_2 \\ &\iff \overline{x}\sqrt{n} > \frac{c_2}{\mu_1\sqrt{n}} = c_3 \quad (\because \mu_1 > 0) \end{aligned}$$

ゆえに $\{Z > c_3\}$ と $\{x \in W_0(\alpha)\}$ は同等である．一方

$$P(Z > c_3 \,|\, H_0) = P(X \in W_0(\alpha) \,|\, H_0) = \alpha$$

であるから

$$\frac{1}{\sqrt{2\pi}} \int_{c_3}^{\infty} e^{-\frac{z^2}{2}} dz = \alpha$$

すなわち，$c_3 = z(\alpha)$, これは右片側検定であることを意味している．

12.1　尤度比検定

仮説 $H_1 : \mu \neq 0$ のようにその仮説のもとで母集団の分布が一意に決まらないものを複合仮説という．このような場合の良い検定法を探す一般的方法として次の尤度比検定がある．尤度というのは推定論で出てきた尤度関数を使うからである．

母集団を規定する母係数 θ についての仮説が次のように与えられているとする．

$$H_0:\ \theta \in \Theta_0, \quad H_1:\ \theta \in \Theta_1$$

この場合，θ は $\theta = (\theta_1, \theta_2)$ のように 2 次元であっても以下の議論は同じである．

密度関数 $f(x:\theta)$ をもつ母集団からのサイズ n の標本確率変数 $X_1,\ X_2,\ \cdots,\ X_n$ の実現値を $x_1,\ x_2,\ \cdots,\ x_n$ とする．このときの尤度関数

$$L(x_1,\ x_2,\ \cdots,\ x_n:\theta) = \prod_{i=1}^{n} f(x_i:\theta)$$

は検定論で定義したものである．このとき次の関数を定義する．

$$\lambda(x_1,\ x_2,\ \cdots,\ x_n) = \frac{\sup\limits_{\theta \in \Theta_0} L(x_1,\ x_2,\ \cdots,\ x_n:\theta)}{\sup\limits_{\theta \in \Theta} L(x_1,\ x_2,\ \cdots,\ x_n:\theta)}, \quad \Theta = \Theta_0 \cup \Theta_1$$

これを仮説 H_0 における尤度比という．sup の性質から明らかに

$$0 \leq \lambda(x_1,\ x_2,\ \cdots,\ x_n) \leq 1$$

である．

さらに，$\lambda(x_1,\ x_2,\ \cdots,\ x_n)$ の値が 1 に近ければ H_0 の信頼性が高いということになる．逆に 0 に近ければ，信頼性が弱いことを意味している．よって適当な λ_0 $(0 < \lambda_0 < 1)$ に対して

$$\begin{cases} \lambda(x_1,\ x_2,\ \cdots,\ x_n) \leq \lambda_0 \Longrightarrow H_0 \text{ を棄却する} \\ \lambda(x_1,\ x_2,\ \cdots,\ x_n) > \lambda_0 \Longrightarrow H_0 \text{ を採用する} \end{cases}$$

なる検定を定めることができる．この検定を尤度比検定という．1 つの例として，正規母集団の母係数 μ の Z による両側検定は尤度比検定になっていることを見てみよう．

例 **12.1.1.** 母集団 $N(\mu, 1)$ の母係数 μ の次の仮説

$$H_0:\ \mu = 0, \quad H_1:\ \mu \neq 0$$

に対する尤度比検定は統計量 Z の両側検定と同じである．

証明　$\Theta_0 = \{0\}$, $\Theta_1 = \mathbb{R} \setminus \{0\}$ であるから

$$\sup_{\mu\in\Theta_0} L(x_1,\ x_2,\ \cdots,\ x_n : \mu) = \left(\frac{1}{\sqrt{2\pi}}\right)^n e^{-\frac{1}{2}\sum_1^n x_i^2}$$
$$\sup_{\mu\in\Theta} L(x_1,\ x_2,\ \cdots,\ x_n : \mu) = \left(\frac{1}{\sqrt{2\pi}}\right)^n e^{-\frac{1}{2}\sum_1^n (x_i-\overline{x})^2}$$

をえる．よって尤度比は

$$\begin{aligned}\lambda(x_1,\ x_2,\ \cdots,\ x_n) &= e^{-\frac{1}{2}\left(\sum_1^n x_i^2 - \sum_1^n (x_i-\overline{x})^2\right)} \\ &= e^{-\frac{n}{2}\overline{x}^2} = e^{-\frac{1}{2}z^2}\end{aligned}$$

である．よって

$$\lambda = e^{-\frac{1}{2}z^2} \leq \lambda_0$$

なる棄却域は

$$|z| \geq \sqrt{-2\log\lambda_0} = z_0$$

と同じである．これから統計量 $\lambda(X_1,\ X_2,\ \cdots,\ X_n)$ による尤度比検定は Z による検定と同じである．

最後に尤度比検定の望ましい性質を挙げておく．

定理 12.2. 密度関数 $f(x:\theta)$ が緩い条件を満たし，母係数 $\theta = (\theta_1,\ \theta_2,\ \cdots,\ \theta_p)$ に関する仮説を次のように設定する．

$$H_0:\ \theta \in \Theta_0, \quad H_1:\ \theta \in \Theta_1$$

ここで Θ_0 の次元は r $(r < p)$ とする．このとき次の 2 点がいえる．

(i) 尤度比 $\lambda(x_1,\ x_2,\ \cdots,\ x_n)$ に対して $-2\log\lambda(X_1,\ X_2,\ \cdots,\ X_n)$ は仮説 H_0 のもとで漸近的に自由度 $p-r$ の χ^2-分布にしたがう．

(ii) もし一様強力検定が存在すれば，それは尤度比検定である．

証明　省略．

12.2 種々の検定

ここでこれまでに取り上げた母平均，母分散に関する検定をまとめておく．

(i) 工程不良率 p に関する検定 ⟶ 例 4.1.4

(ii) $N(\mu, \sigma^2)$ の σ^2 が既知の場合，μ に関する検定 ⟶7.1 節 応用 **3**

(iii) $N(\mu_x, \sigma_x^2)$，$N(\mu_y, \sigma_y^2)$ の σ_x^2，σ_y^2 が既知の場合，$\mu_x - \mu_y$ に関する検定 ⟶7.2 節 応用 **2**

(iv) $N(\mu, \sigma^2)$ の σ^2 に関する検定 ⟶8.2 節 応用 **2**

(v) $N(\mu_x, \sigma_x^2)$，$N(\mu_y, \sigma_y^2)$ の $\sigma_x^2 = \sigma_y^2$ に関する検定 ⟶9.2 節 応用

(vi) $N(\mu, \sigma^2)$ の σ^2 が未知の場合，μ に関する検定 ⟶10.2 節 応用 **3**

(vii) $N(\mu_x, \sigma^2)$，$N(\mu_y, \sigma^2)$ の σ^2 が未知の場合，$\mu_x = \mu_y$ に関する検定 ⟶10.2 節 応用 **4**

13　適合度と独立性の検定

本章では，適合度の検定と独立性の検定について述べる．

一般に，データの背後にどのような分布を想定するかは，われわれ人間の側の決めることであって，あくまでこちらの創造物である．測定値がある数学上の法則で出てくるのではない．自然界の背景に数学上のモデルが存在しているのではない．

したがって，そのようなデータの背後に想定される確率分布が整合性をもつものであるかどうかは，検定が必要になる．この検定を**適合度の検定**（test for fittingness）という．

あるファクター A，B が互いに関連性があるか，さもなくば無関係であるかを知ることは，次のような決定をする上で重要である．すなわち，ファクター A はファクター B に対して何らかの影響を与えているのか，あるいはその逆の場合である．

このようないくつかのファクターの関連性を検定するのが，**独立性の検定**（test for independence）である．

13.1　適合度の検定

まず，適合度の検定と独立性の検定の手続きための理論的根拠を設定する．そのためには，次のスターリングの公式を必要とするので，ここで証明抜きに与えておくことにする．

スターリングの公式

$$\lim_{n\to\infty}\frac{n!}{\sqrt{2n\pi}n^n e^{-n}}=1$$

定理 13.1. 母集団 Ω が互いに共通部分のない n 個の Ω_1, Ω_2, $\cdots$, Ω_n に類別されていて，無作為に選んだ標本が各 Ω_i に属する確率は p_i であるとする．いま母集団から N 個の標本を選んだとき，各 Ω_i に属する個数を確率変数 X_i で表す．N が十分大きければ，

$$(*) \qquad \chi^2 = \sum_{i=1}^{n} \frac{(X_i - Np_i)^2}{Np_i}$$

は自由度 $n-1$ の χ^2-分布にしたがう．

証明　$(*)$ の χ^2 が自由度 $n-1$ の χ^2-分布にしたがうことをいうのには，χ^2 が規準正規分布にしたがう $n-1$ 個の標本確率変数の 2 乗の和であることを示そう．N 個中の Ω_1, Ω_2, $\cdots$, Ω_n の度数を X_1, X_2, $\cdots$, X_n とすれば，これは多項分布にしたがうから，密度関数 $p(x_1,\ x_2,\ \cdots,\ x_n)$ は次の通りである．

$$p(x_1,\ x_2,\ \cdots,\ x_n) = \frac{N!}{x_1!x_2!\cdots x_n!} p_1^{x_1} p_2^{x_2} \cdots p_n^{x_n}$$

である．ここでこの式の変数の数であるが，

$$x_1 + x_2 + \ \cdots\ + x_n = N$$

であるから，実際は $n-1$ 変数である．このことが，自由度 $n-1$ に関係してくることになる．N が大きければ，それに伴ってどの x_i も十分大であるとしてよい．よって上のスターリングの公式により次の近似式がえられる．

$$\begin{aligned} p(x_1,\ x_2,\ \cdots,\ x_n) &\fallingdotseq \frac{\sqrt{2\pi} N^{N+\frac{1}{2}} e^{-N}}{\sqrt{2\pi}^n \prod_{i=1}^n x_i^{x_i+\frac{1}{2}} e^{-\sum_{i=1}^n x_i}} \prod_{i=1}^n p_i^{x_i} \\ &= \frac{\sqrt{N}^{-(n-1)}}{\sqrt{2\pi}^{n-1} \prod_{i=1}^n \sqrt{p_i}} \prod_{i=1}^n \left(\frac{Np_i}{x_i} \right)^{x_i+\frac{1}{2}} \end{aligned}$$

ここで

$$T_i = \frac{x_i - Np_i}{\sqrt{N}}$$

とおけば

$$\frac{x_i}{Np_i} = 1 + \frac{T_i}{\sqrt{N} p_i}$$

であるから

$$-\log\prod_{i=1}^{n}\left(\frac{Np_i}{x_i}\right)^{x_i+\frac{1}{2}}=\sum_{i=1}^{n}\left(Np_i+\sqrt{N}T_i+\frac{1}{2}\right)\log\left(1+\frac{T_i}{\sqrt{N}p_i}\right)$$

となり等式

$$\log\left(1+\frac{T_i}{\sqrt{N}p_i}\right)=\frac{T_i}{\sqrt{N}p_i}-\frac{T_i^2}{2Np_i^2}+O\left(N^{-\frac{2}{3}}\right)$$

と $\sum T_i=0$ を使えば，

$$\begin{aligned}-\log\prod_{i=1}^{n}\left(\frac{Np_i}{x_i}\right)^{x_i+\frac{1}{2}}&=\sum_{i=1}^{n}\left[\sqrt{N}T_i-\frac{T_i^2}{2p_i}+\frac{T_i^2}{p_i}+O\left(N^{-\frac{1}{2}}\right)\right]\\&=\sum_{i=1}^{n}\frac{T_i^2}{2p_i}+O\left(N^{-\frac{1}{2}}\right)\end{aligned}$$

$(T_1,\ T_2,\ \cdots,\ T_n)$ の密度関数を $f(t_1,\ t_2,\ \cdots,\ t_n)$ とする．$T_1,\ T_2,\ \cdots,\ T_n$ の実現値を $t_1,\ t_2,\ \cdots,\ t_n$ とすれば，$\sum_{i=1}^{n}t_i=0$ であるから，密度関数 $f(t_1,\ t_2,\ \cdots,\ t_n)$ は見かけは n 変数のように見えるが，実際は最後の t_n は $t_1,\ t_2,\ \cdots,\ t_{n-1}$ によって決定されるので，$t_1,\ t_2,\ \cdots,\ t_{n-1}$ を独立な変数とする．よって次が成立する．

$$f(t_1,\ t_2,\ \cdots,\ t_n)dt_1dt_2\cdots dt_{n-1}=p(x_1,\ x_2,\ \cdots,\ x_n)dx_1dx_2\cdots dx_{n-1}$$

T_i の定義から

$$dx_i=\sqrt{N}dt_i\quad i=1,\ 2,\ \cdots,\ n-1$$

であるから

$$dx_1dx_2\cdots dx_{n-1}=\left(\sqrt{N}^{n-1}\right)dt_1dt_2\cdots dt_{n-1}$$

これらから

$$f(t_1,\ t_2,\ \cdots,\ t_n)\doteqdot\frac{1}{\sqrt{2\pi}^{n-1}\prod_{i=1}^{n}\sqrt{p_i}}e^{-\frac{1}{2}\sum_{i=1}^{n}\frac{t_i^2}{p_i}}$$

となる．ここで

$$\sum_{i=1}^{n}t_i=0$$

に留意すれば，

$$f(t_1,\ t_2,\ \cdots,\ t_{n-1})=\frac{1}{\sqrt{2\pi}^{n-1}\prod_{i=1}^{n}\sqrt{p_i}}e^{-\frac{1}{2}\left(\sum_{i=1}^{n-1}\frac{t_i^2}{p_i}+\frac{(t_1+t_2+\cdots+t_{n-1})^2}{p_n}\right)}$$

となる．この密度関数の指数部分の（　）の中は $t_i t_j$ の 2 次形式であるから，適当な直交変換によって標準形に直すことができる．つまり適当な 1 次変換

$$
\begin{aligned}
t_1 &= l_{11}s_1 + l_{12}s_2 + \cdots + l_{1,n-1}s_{n-1} \\
t_2 &= l_{21}s_1 + l_{22}s_2 + \cdots + l_{2,n-1}s_{n-1} \\
&\cdots\cdots \\
t_{n_1} &= l_{n-1,1}s_1 + l_{n-1,2}s_2 + \cdots + l_{n-1,n-1}s_{n-1}
\end{aligned}
$$

によって

$$
\begin{aligned}
\sum_{i=1}^{n-1} \frac{t_i^2}{p_i} + \frac{1}{p_n}(t_1 + t_2 + \cdots + t_{n-1}) &= \sum_{i,j=1}^{n-1} a_{ij}t_i t_j \\
&= \lambda_1 s_1^2 + \lambda_2 t_2^2 + \cdots + \lambda_{n-1}s_{n-1}^2
\end{aligned}
$$

とすることができる．ここで λ_1, λ_2, $\cdots, \lambda_{n-1}$ は対称行列

$$
A = (a_{ij}) = \begin{pmatrix}
\frac{1}{p_1} + \frac{1}{p_n} & \frac{1}{p_n} & \cdots & \frac{1}{p_n} \\
\frac{1}{p_n} & \frac{1}{p_2} + \frac{1}{p_n} & \cdots & \frac{1}{p_n} \\
\cdots & \cdots & \cdots & \cdots \\
\frac{1}{p_n} & \frac{1}{p_n} & \cdots & \frac{1}{p_{n-1}} + \frac{1}{p_n}
\end{pmatrix}
$$

の固有値であるから，すべて実数である．この 2 次形式は t_1, t_2, $\cdots$, t_{n-1} の値を問わず負にはならず，0 になるのは $t_1 = t_2 = \cdots = t_{n-1} = 0$ の場合に限る．したがってその固有地はすべて正でなければならない．そこで変換

$$
\sqrt{\lambda_i}s_i = u_i \quad (i = 1,\ 2,\ \cdots,\ n-1)
$$

を考える．$(t_1,\ t_2,\ \cdots,\ t_{n-1})$ と $(u_1,\ u_2,\ \cdots,\ u_{n-1})$ の関係式は次で与えられる．

$$
\begin{pmatrix} t_1 \\ \vdots \\ t_{n-1} \end{pmatrix} = L \begin{pmatrix} s_1 \\ \vdots \\ s_{n-1} \end{pmatrix} = L \begin{pmatrix} \frac{1}{\sqrt{\lambda_1}} & \cdots & 0 \\ & \ddots & 0 \\ 0 & & \frac{1}{\sqrt{\lambda_{n-1}}} \end{pmatrix} \begin{pmatrix} u_1 \\ \vdots \\ u_{n-1} \end{pmatrix} = LD \begin{pmatrix} u_1 \\ \vdots \\ u_{n-1} \end{pmatrix}
$$

このとき

$$
\sum a_{ij}t_i t_j = u_1^2 + \ \cdots \ u_{n-1}^2
$$

である．確率変数 $(U_1,\ U_2,\ \cdots,\ U_{n-1})$ の密度関数を $\varphi(u_1,\ u_2,\ \cdots,\ u_{n-1})$ とする．ヤコビアンを計算する．$\det L=0$ に留意すれば

$$\frac{\partial(t_1,\ t_2,\ \cdots,\ t_{n-1})}{\partial(u_1,\ u_2,\ \cdots,\ u_{n-1})}=\det(LD)=\det L\det D=\frac{1}{\sqrt{\lambda_1\lambda_2\cdots\lambda_{n-1}}}=\frac{1}{\sqrt{\det A}}$$

であるから

$$\begin{aligned}\varphi(u_1,\ u_2,\ \cdots,\ u_{n-1})&=f(t_1,\ t_2,\ \cdots,\ t_{n-1})\left|\frac{\partial(t_1,\ t_2,\ \cdots,\ t_{n-1})}{\partial(u_1,\ u_2,\ \cdots,\ u_{n-1})}\right|\\&=\frac{1}{\sqrt{2\pi}^{n-1}\prod_{i=1}^{n}\sqrt{p_i}}e^{-\frac{1}{2}\left(\sum_{i,j=1}^{n-1}a_{ij}t_it_j\frac{1}{\sqrt{\det A}}\right)}\\&=\frac{1}{\sqrt{2\pi}^{n-1}\prod_{i=1}^{n}\sqrt{p_i}\sqrt{\det A}}e^{-\frac{1}{2}(u_1^2+u_2^2\ \cdots\ +u_{n-1}^2)}\end{aligned}$$

$\varphi(u_1,\ u_2,\ \cdots,\ u_{n-1})$ は密度関数であるから

$$\int\int_{\mathbb{R}^{n-1}}\varphi(u_1,\ u_2,\ \cdots,\ u_{n-1})=1$$

でなければならない．これより

$$\sqrt{p_1p_2\cdots p_n}\sqrt{\det A}=1$$

でなければならない．よって

$$\varphi(u_1,\ u_2\cdots,\ u_{n-1})=\prod_{i=1}^{n-1}\frac{1}{\sqrt{2\pi}}e^{\frac{1}{u_i^2}}$$

すなわち，確率変数 $U_1,\ U_2,\ \cdots,\ U_{n-1}$ は互いに独立で規準正規分布にしたがっている．よって定理 8.5 から

$$\chi^2=\sum_{i=1}^{n-1}U_i^2=\sum_{i=1}^{n}\frac{t_i^2}{p_i}=\sum_{i=1}^{n}\frac{(x_i-Np_i)^2}{Np_i}$$

は自由度 $n-1$ の χ^2-分布にしたがう．

データ $x_1,\ x_2,\ \cdots,\ x_n$ がある特定の確率分布にしたがう確率変数 X の n 個の実現値とみなせるかどうか，すなわち，これらのデータのえられた母集団 Σ の分布に特定の確率分布を想定できるかどうかは，正確には誰にもわからない．なぜならば，

その背景にある母集団に当てはめる確率分布はわれわれの創造物にほかならないからである．

たとえば，ある土地の面積の測定値の背後に正規分布を当てはめることができるか否かは，そのような無限個の測定をやることができない以上正確にはわかりえない．

そこでこれら有限個のデータをもとにして，母集団 Σ がある確率分布にしたがっているかどうかを検定することになる．簡単にいえば，理論と現実の分布に差があるか否かの検定であるといえる．この検定を適合度の検定という．その手続きは一般の仮説検定と変わることはない．

(1) まず帰無仮説 H_0 と対立仮説 H_1 を次のように設定する．

$H_0 : \Sigma$ はその確率分布をしている $H_1 : \Sigma$ はその確率分布をしていない

(2) 全事象を階級 $A_1, A_2, \cdots, A_k$ に分け，各観測度数 (実現度数) $f_i \ (i = 1, 2, \cdots, k)$ を求める．

(3) 仮説 H_0 のもとで $p(A_i) = p_i$ を求め，各階級の期待度数 np_i を求める．

(4) 次の χ_0^2 を計算する．

$$\chi_0^2 = \sum_{i=1}^{k} \frac{(f_i - np_i)^2}{np_i}$$

(5) χ^2 の自由度 $\nu = k - r - 1$ を求める．ただし，Σ の H_0 での分布がパラメター r 個を含む場合は標本からそれらを推定する．このとき自由度は k だけ減少する．よって自由度は $\nu = k - r - 1$ となる．

(6) 以上に基づいて検定を行う．有意水準を α とすれば，次の結論になる．

$$\chi_0^2 \geq \chi_{k-r-1}^2(\alpha) \Longrightarrow H_0 \text{ を棄却して } H_1 \text{ を採用する}$$
$$\chi_0^2 < \chi_{k-r-1}^2(\alpha) \Longrightarrow H_0 \text{ を採用する}$$

この下の場合，Σ は分布と適合しているといい，$P(\chi_0^2 \leq \chi_{k-r-1}^2)$ をその適合度という．いい換えれば，適合度とは，理論と実際のくい違いが現在のそれ以下である確率のことである．帰無仮説が採用されるとき，適合度を付記するのが一般的である．また適合度が高いほどより適合していることを表している．

ここで適合度の検定の例を与えよう．

階級	f_i	np_i	$(f_i - np_i)^2/np_i$
1	2048	2020	0.388
2	1992	2020	0.388
計	4040	4040	0.776

表 13.1 Buffon の実験

例 **13.1.1.** (ビュフォン (Buffon) の実験の例) コインを 4040 回投げて表 (Head) が 2048 回，裏 (Tail) が 1992 回をえた．これをもとにそのコインが偏りのないことを検定せよ．

解答

仮説 H_0 としてそのコインの表と裏の出る確率を次のように与える．

$$H_0 : P(H) = p_1 = \frac{1}{2}, \quad P(T) = p_2 = \frac{1}{2}$$

このとき観測度数分布と期待度数を表 13.1 で表す．

自由度は $\nu = k - 1 = 2 - 1 = 1$, $\chi_1^2(0.05) = 3.84$ であるから

$$0.776 = \chi_0^2 < \chi_1^2(0.05) = 3.84$$

であるから，H_0 を採用する．このときの適合度は約 0.4 である．

例 **13.1.2.** 放射性物質から一定時間 t の間に放出される α-粒子の数 X は，ポアソン分布にしたがうことが知られている．$t = 7.5$ 秒間の間隔で $n = 2608$ 回観測された α 粒子の数の分布は表 13.2 の通りであった．これをもとにポアソン分布の適合度の検定を行え．

解答

ここで帰無仮説 H_0 はその分布の母集団はポアソン分布であるとする．すなわち，

$$H_0 : X \sim P(\lambda), \quad H_1 : X \not\sim P(\lambda)$$

とおく．

階級番号	f_i	np_i
A_0	57	54.399
A_1	203	210.523
A_2	383	407.361
A_3	525	525.496
A_4	532	508.418
A_5	408	393.515
A_6	273	253.817
A_7	139	140.325
A_8	45	67.882
A_9	27	29.189
A_{10}	16	17.075
計	2608	2608

表 13.2 α 粒子の放出

ポアソン分布 $P(\lambda)$ の λ はわかっていないパラメーターであるからこれは点推定しなければならないが，既に推定論で見たように

$$\overline{x} = \frac{\sum k f_k}{2608} = 3.87$$

で推定する．すなわち，$\hat{\lambda} = 3.87$ であるから，各階級の確率は次のようになる．

$$p_i = P(A_i) = P(X = i) = e^{-3.87}\frac{3.87^i}{i!}$$
$$(i = 0, 1, \cdots, 9)$$

$$p_{10} = P(X \geq 10) = \sum_{i \geq 10} e^{-3.87}\frac{3.87^i}{i!}$$

このとき計算により $\chi_0^2 = 12.88$ となる．

パラメーター λ1 個を推定したから自由度は

$$\nu = 11 - 1 - 1 = 9$$

である．分布表から $\chi_9^2(0.10) = 14.68$ であるから，危険率 0.10 でも仮説 H_0 は採用される，すなわち，X はポアソン分布にしたがっていると判断される．

例 13.1.3. 表 13.1 は A 市における 1 日当たりの交通事故件数 X を 90 日にわたって調べた観測度数である．この母集団に正規分布が適合しているかどうかを調べてみる．

ここで各 i に対して階級番号 A_i は一日当たりの交通事故件数を表す．たとえば，A_4 は 1 日の交通事故件数が 32 件，これが 90 日中 18 日観測されたことを意味している．

解答

まず帰無仮説 H_0 を設定しなければならない．1 日当たりの交通事故件数を表す確率変数として X とおく．この X の母集団に正規分布を想定できるかどうかであるか

階級番号	A_1	A_2	A_3	A_4	A_5	A_6	A_7	A_8	A_9	A_{10}
階級値	17	22	27	32	37	42	47	52	57	62
観測度数	2	3	13	18	21	15	11	2	3	2

表 13.3 交通事故観測度数

ら，H_0 を次のように設定する．

$$H_0 : X \sim N(\mu, \sigma^2), \quad H_1 : X \nsim N(\mu, \sigma^2)$$

ここで母平均 μ と母分散 σ^2 は未知である．

この仮説のもとでの期待度数を求めなければならない．そのためには２つのパラメーター μ, σ を推定しなければならないから，上の表 13.1 の観測度数から平均値を標準偏差を求めると

$$\overline{x} = 37.2, \quad s = 9.19$$

となる．したがって，仮説 H_0 のもとで

$$X \sim N(37.2, 9.19^2)$$

を母集団として当てはめる．このとき X を基準化すれば

$$Z = \frac{X - 37.2}{9.19} \sim N(0, 1)$$

となる．期待度数を計算すれば表 13.4 のようになる．

この表における $p_i = p(A_i)$ の計算は次のように行う．X の実現値は離散的であるが，X の母集団は連続的分布であるから，各階級の確率を求めるには，その離散的実現値を連続的区間で表現しなければならない．

特に，最初と最後は左右の広がりを考慮して次のようにする．

$$p_1 = P(A_1) = P(X \leq 19.5) = P\left(Z \leq \frac{19.5 - 37.2}{9.19}\right) = 0.0271,$$

$$p_{10} = P(A_{10}) = P(X \geq 59.5) = P\left(Z \geq \frac{59.5 - 37.2}{9.19}\right) = 0.0076$$

階級番号	階級値	観測度数	p_i	$90p_i$
A_1	17	2	0.0271	2.4
A_2	22	3	0.0564	5.1
A_3	27	13	0.1176	10.6
A_4	32	18	0.1834	16.5
A_5	37	21	0.2143	19.3
A_6	42	15	0.1877	16.9
A_7	47	11	0.1231	11.1
A_8	52	2	0.0605	5.4
A_9	57	3	0.0223	2.0
A_{10}	62	2	0.0076	0.7

表 13.4 期待度数

中間の階級 A_2 に対しては次の通りである.

$$\begin{aligned} p_2 =& P(A_2) = P(19.5 \leq X \leq 24.5) = P\left(\frac{19.5 - 37.2}{9.19} \leq Z \leq \frac{24.5 - 37.2}{9.19}\right) \\ &= 0.0564 \end{aligned}$$

さてここで χ_0^2 を求めなければならないが，度数の少ない A_1，A_2 と A_9，A_{10} をそれぞれ 1 階級にまとめて，改めて観測度数と期待度数の比較を表で表せば，次のようになる.

χ_0^2 を計算すれば $\chi_0^2 = 2.03$ である．この場合 2 つの母係数 μ, σ^2 の推定値を用いているので，自由度は

$$\nu = 7 - 2 - 1 = 4$$

である．このとき

$$\chi_0^2 < 9.49 = \chi_4^2(0.05)$$

であるから，有意水準 0.05 で仮説 H_0 は採用される．

階級番号	観測度数	期待度数
A'_2	5	7.5
A_3	13	10.6
A_4	18	16.5
A_5	21	19.3
A_6	15	16.9
A_7	11	11.1
A'_8	7	8.1
系	90	90

13.2　独立性の検定

因子が A, B の 2 種類あり，それぞれが A_1, A_2, $\cdots$, A_n; B_1, B_2, $\cdots$, B_m と区別されているとする．各区分された因子の起こる確率は

$$p(A_i) = p_i \ (i = 1, 2, \ \cdots, \ n), \quad p(B_j) = q_j \ (j = 1, 2, \ \cdots, \ m)$$

であるとする．もし A, B が独立とすれば，任意の i, j について

$$P(A_i \cap B_j) = p_i q_j$$

である．したがって上の定理が使えて次の系をえる．

系 **13.1.** 無作為に選んだ N 個の $A_i \cap B_j$ の度数を x_{ij} で表す（表 13.1）．因子 A, B が独立であれば，N が十分大きいとき

$$\chi^2 = \sum_{i,j=1}^{n,m} \frac{(x_{ij} - Np_i q_j)^2}{Np_i q_j}$$

は自由度 $nm - 1$ の χ^2-分布にしたがう．

系 **13.2.** 上の環境のもとで図 13.2 のような結果がえられたとする．因子 A, B が独立であると仮定すれば，N が十分大きいとき

$$\chi_0^2 = \sum_{i,j=1}^{n,m} \frac{\left(x_{ij} - \frac{a_i b_j}{N}\right)^2}{\frac{a_i b_j}{N}}$$

は自由度 $(n-1)(m-1)$ の χ^2-分布にしたがう．

	A_1	A_2	$\cdots$	A_n	計
B_1	x_{11}	x_{21}	$\cdots$	x_{n1}	b_1
B_2	x_{12}	x_{22}	$\cdots$	x_{n2}	b_2
$\vdots$	$\vdots$	$\vdots$		$\vdots$	$\vdots$
B_m	x_{1m}	x_{2m}	$\cdots$	x_{nm}	b_m
計	a_1	a_2	$\cdots$	a_n	N

図 13.1　独立性の検定

証明　上の定理 13.1 から各 i について

$$N \to a_i, \quad x_i \to x_{ij}, \quad p_i \to \frac{b_j}{N}$$

と置き換えると

$$\chi_i^2 = \sum_{j=1}^{m} \frac{\left(x_{ij} - \frac{a_i b_j}{N}\right)^2}{\frac{a_i b_j}{N}}$$

は自由度 $m-1$ の χ^2-分布にしたがう．これの n 個の総和が χ^2 であるが，これら n 個の式は独立ではなく，これらの間に 1 次関係があるから，$n-1$ 個が独立である．よって χ^2 は自由度 $(n-1)(m-1)$ の χ^2-分布にしたがうことになる．

以上より，N 回の試行結果に基づき，2 つの属性 A, B の独立性の仮説 H_0 の検定の手続きと相手は次のように行う．

独立性の検定手順

(1) 帰無仮説 H_0 を設定する．

$$H_0 : A,\ B \text{ は独立である．}$$

	A_1	A_2	$\cdots$	A_n	計
B_1	$\frac{a_1b_1}{N}$	$\frac{a_2b_1}{N}$	$\cdots$	$\frac{a_nb_1}{N}$	b_1
B_2	$\frac{a_1b_2}{N}$	$\frac{a_2b_2}{N}$	$\cdots$	$\frac{a_nb_2}{N}$	b_2
$\vdots$	$\vdots$	$\vdots$		$\vdots$	$\vdots$
B_m	$\frac{a_1b_m}{N}$	$\frac{a_2b_m}{N}$	$\cdots$	$\frac{a_nb_m}{N}$	b_m
計	a_1	a_2	$\cdots$	a_n	N

図 13.2 期待度数

(2) 観測度数を求めて分割表 13.1 を作成する．

(3) 仮説 H_0 のもとでの期待度数の分割表（表 13.2）を作成する．

(4) χ^2 の実現値

$$\chi_0^2 = \sum_{i,j=1}^{n,m} \frac{(x_{ij} - Np_iq_j)^2}{Np_iq_j}$$

を求める．

(5) 検定を行う．有意水準を α として，もし $\chi_0^2 \geq \chi^2_{(n-1)(m-1)}(\alpha)$ であれば，H_0 は否定される．このとき，属性 A, B は独立でない，すなわち，互いに従属していると結論する．逆に，$\chi_0^2 < \chi^2_{(n-1)(m-1)}(\alpha)$ であれば，採用される．

例 **13.2.1.** 次の表はドイツのバーデンでの男子の頭髪の色 (A) と眼の虹彩の色 (B) とについて調査した分割表である．両者の関連性について調べよ．

解答

帰無仮説 H_0 を次のように設定する．

$$H_0 : A,\ B \text{ は独立である，すなわち，両者の関連性はない}$$

仮説のもとで期待度数を求めれば次の表をえる．

	A_1(金)	A_2(褐)	A_3(黒)	A_4(赤)	計
B_1(青)	1768	807	189	47	2811
B_2(灰)	946	1387	746	53	3132
B_3(褐)	115	438	288	16	857
計	12829	2632	1223	116	6800

図 13.3 頭髪と虹彩

	A_1(金)	A_2(褐)	A_3(黒)	A_4(赤)	計
B_1(青)	1169.5	1088.0	505.6	47.9	2811
B_2(灰)	1303.0	1212.3	563.3	53.4	3132
B_3(褐)	356.5	331.7	154.1	14.6	857
計	2829	2632	1223	116	6800

図 13.4 期待度数

χ_0^2 を求めると

$$\chi_0^2 = \sum_{i,j} \frac{\left(x_{ij} - \frac{a_i b_j}{N}\right)^2}{\frac{a_i b_j}{N}} = 1070$$

自由度は

$$\nu = (3-1)(4-1) = 6$$

分布表から $\chi_0^2 > \chi_6^2(0.01) = 16.81$ であるから，H_0 は有意水準 1 %で棄却される．したがって，無関係ではないといえる．

注 13.2.1. χ_0^2 の計算は次により求めてもよい.

$$\chi_0^2 = \sum_{i,j} \frac{N x_{ij}^2}{a_i b_j} - N$$

証明

$$\left(x_{ij} - \frac{a_i b_j}{N} \right)^2 = x_{ij}^2 - 2x_{ij}\frac{a_i b_j}{N} + \left(\frac{a_i b_j}{N} \right)^2$$

であるから,

$$\frac{\left(x_{ij} - \frac{a_i b_j}{N} \right)^2}{\frac{a_i b_j}{N}} = \frac{N x_{ij}^2}{a_i b_j} - 2x_{ij} + \frac{a_i b_j}{N}$$

ここで

$$\sum_{i,j} x_{ij} = N, \quad \sum_i a_i = \sum_j b_j = N$$

を使えば, 次がえられる.

$$\begin{aligned} \chi_0^2 &= \sum_{i,j} \frac{\left(x_{ij} - \frac{a_i b_j}{N} \right)^2}{\frac{a_i b_j}{N}} = \sum_{i,j} \frac{N x_{ij}^2}{a_i b_j} - 2N + N \\ &= \sum_{i,j} \frac{N x_{ij}^2}{a_i b_j} - N \end{aligned}$$

注 13.2.2. $2 \times n$ または 2×2 の分割表の場合には, 次の式が簡単である.

$$\chi_0^2 = \frac{N^2}{b_1 b_2} \left(\frac{{x_{11}}^2}{a_1} + \frac{{x_{12}}^2}{a_2} + \cdots + \frac{{x_{1n}}^2}{a_n} - \frac{{b_1}^2}{N} \right)$$

このときの自由度は $\nu = (2-1)(n-1) = n-1$ である.

証明

$$\frac{x_{i2}}{a_i} - \frac{b_2}{N} = \frac{a_i - x_{i1}}{a_i} - \frac{N - b_1}{N} = -\left(\frac{x_{i1}}{a_i} - \frac{b_1}{N} \right)$$

	A_1	A_2	$\cdots$	A_i	$\cdots$	A_n	計
B_1	x_{11}	x_{21}	$\cdots$	x_{i1}	$\cdots$	x_{n1}	b_1
B_2	x_{12}	x_{22}	$\cdots$	x_{i2}	$\cdots$	x_{n2}	b_2
計	a_1	a_2	$\cdots$	a_i	$\cdots$	a_n	N

図 13.5　$2 \times n$ 分割表

に着目すれば

$$
\begin{aligned}
\chi_0^2 &= \sum_{i=1}^{n}\sum_{j=1}^{2}\frac{\left(x_{ij}-\frac{a_ib_j}{N}\right)^2}{\frac{a_ib_j}{N}} = \sum_{i=1}^{n} Na_i \sum_{j=1}^{2}\frac{\left(\frac{x_{ij}}{a_i}-\frac{b_j}{N}\right)^2}{b_j} \\
&= \sum_{i=1}^{n} Na_i\left(\frac{x_{i1}}{a_i}-\frac{b_1}{N}\right)^2\left(\frac{1}{b_1}+\frac{1}{b_2}\right) \\
&= \frac{N^2}{b_1b_2}\sum_{i=1}^{n}\left(\frac{x_{i1}^2}{a_i}-2\frac{x_{i1}b_1}{N}+\frac{a_ib_1^2}{N^2}\right) \\
&= \frac{N^2}{b_1b_2}\left(\sum_{i=1}^{n}\frac{x_{i1}^2}{a_i}-\frac{b_1^2}{N}\right)
\end{aligned}
$$

例 **13.2.2.** A, B, C, D4 種の薬品をそれぞれ 25 個の被験体に試み，効力の有 (+), 無 (−) を調べた結果，次の表をえた．薬品によって効力の差が認められるか．

	A	B	C	D	計
+	12	14	4	8	38
−	13	11	21	17	62
計	25	25	25	25	100

図 13.6

解答

仮説 H_0 を次のように設定する.

$$H_0: \text{薬品の違いと効力の差は無関係である.}$$

$$\begin{aligned}\chi_0^2 &= \frac{100^2}{38\times 62}\left(\frac{12^2}{25}+\frac{14^2}{25}+\frac{4^2}{25}+\frac{8^2}{25}-\frac{38^2}{100}\right)\\ &= 10.02\end{aligned}$$

自由度は $n-1=4-1=3$ である. 分布表から

$$\chi_3^2(0.05) = 7.81 < 10.02 = \chi_0^2$$

がいえるから, 有意水準 5 % で H_0 は棄却され薬品による効果の差は認められる.

注 13.2.3. 次の表 13.7 の 2×2 分割表の場合, 独立性の仮定のもとでは

$$\chi_0^2 = \frac{N(ad-bc)^2}{(a+b)(c+d)(a+c)(b+d)}$$

である.

	1	2	計
1	a	b	$a+b$
2	c	d	$c+d$
計	$a+c$	$b+d$	N

図 13.7 2×2 分割表

証明　周辺度数 $a+b,\ c+d,\ a+c,\ b+d$ が与えられたとき, 独立性の仮定のもとでの期待度数 $\alpha,\ \beta,\gamma,\ \delta$ は次の通りである.

$$\alpha = \frac{(a+b)(a+c)}{N},\quad \beta = \frac{(a+b)(b+d)}{N}$$
$$\gamma = \frac{(c+d)(a+c)}{N},\quad \delta = \frac{(c+d)(b+d)}{N}$$

$a+b+c+d=N$ に留意すれば

$$a-\alpha=d-\delta=\frac{ad-bc}{N}$$
$$b-\beta=c-\gamma=\frac{-(ad-bc)}{N}$$

これより χ_0^2 の式をえる．

フィシャー（R.A. Fisher）の直接確率計算法は，特に 2×2 分割法の独立性の検定法に使われる．現在えられた度数分布より偏った度数分布をえる確率を直接計算して，それを有意水準と比較する方法であるから，上に述べた検定法と違い χ^2-分布表を使わない．

そのために用いる定理は次の通りである．

定理 13.2. 表 *13.7* のように周辺度数を固定したとき，観測度数 $a,\ b,\ c,\ d$ がえられる確率は

$$\frac{(a+b)!(c+d)!(a+c)!(b+d)!}{N!}\times\frac{1}{a!b!c!d!}$$

で与えられる．

証明

$$P(A_1)=p_1,\ P(A_2)=q_1,\ P(B_1)=p_2,\ P(B_2)=q_2$$

とすれば，独立性の仮定のもとで表のようになる．

$$P(A_1\cap B_1)=p_1p_2,\ P(A_1\cap B_2)=p_1q_2,\ P(A_2\cap B_1)=p_2q_1,\ P(A_2\cap B_2)=q_1q_2$$

である．N 個の観測で周辺度数 $a+b,\ c+d;\ a+c,\ b+d$ をえる確率はそれぞれ

$$\frac{N!}{(a+b)!(c+d)!}p_1^{a+b}q_1^{c+d},\quad \frac{N!}{(a+c)!(b+d)!}p_2^{a+c}q_2^{b+d}$$

となる．$A,\ B$ が独立であるから，これらが同時に起こる確率 P_0 は

$$P_0=\frac{N!}{(a+b)!(c+d)!}p_1^{a+b}q_1^{c+d}\times\frac{N!}{(a+c)!(b+d)!}p_2^{a+c}q_2^{b+d}$$

である．観測度数 $a,\ b,\ c,\ d$ をえる確率 P_1 は

$$P_1=\frac{N!}{a!b!c!d!}(p_1p_2)^a(p_1q_2)^b(p_2q_1)^c(q_1q_2)^d$$

したがって，周辺度数 $a+b$, $c+d$ を与えたときの，観測度数 a, b, c, d をえる条件付確率は P_1/P_0 で計算すれば，定理の等式をえる．

この定理をもとに，直接確率計算法を次の例で述べる．

例 **13.2.3.** 次の表をもとにワクチンの効果があるか否かの検定を行え．

	非羅病者	羅病者	計
ワクチンの接種者	9	2	11
ワクチンの非接種者	3	5	8
計	12	7	19

図 13.8 ワクチンの効果

解答

帰無仮説 H_0 を次のようにおく．

$$H_0: \text{ワクチンの効能はない}$$

周辺度数を固定したとき，標本と同じ方向に偏った分布は次の 3 通りしかない．

9	2
3	5

10	1
2	6

11	0
1	7

H_0 のもとで定理 13.2 により，これらの確率を求めれば，

$$P = \frac{11!8!12!7!}{19!}\left(\frac{1}{9!2!3!5!} + \frac{1}{10!1!2!6!} + \frac{1}{11!0!1!7!}\right) \doteqdot 0.07 > 0.05$$

したがって，有意水準 5 %では，このような分布は起こりやすいことが起こったことを意味しているから，H_0 は否定されない．すなわち，ワクチンの効果はないと判断される．有意水準 1 %でも同じである．

関連図書

[1] H. Cramér: "Mathematical Methods of Statistics", Princeton Univ. Press, 1963.

[2] W. Feller: "An Introduction to Probability Theory", John Wiley and Sons, 1957.

[3] P.L. Meyer: "Introductory Probability and Statistical Applications", Addison-Wesley Publishing Company, 1974.

[4] 溝上 武實："選択公理・写像論"，横浜図書，2006.

14　付録

付表

ポアソン分布

正規分布

χ^2-分布

t-分布

F-分布

ポアソン分布　　$p(x;\lambda) = e^{-\lambda}\frac{\lambda^x}{x!}$

x \ λ	0.10	0.20	0.30	0.40	0.50	0.60	0.70	0.80	0.90	1.00
0	.905	.819	.741	.670	.607	.549	.477	.449	.407	.368
1	.091	.164	.222	.268	.303	.329	.348	.360	.366	.368
2	.005	.016	.033	.054	.076	.099	.122	.144	.165	.184
3	.000	.001	.003	.007	.013	.020	.028	.038	.049	.061
4		.000	.000	.001	. 02	.003	.005	.008	.011	.015
5			.000	.000	.000	.000	.001	.001	.002	.003
6					.000	.000	.000	.000	.000	.001
7							.000	.000	.000	.000
8										.000

x \ λ	1.10	1.20	1.30	1.40	1.50	1.60	1.70	1.80	1.90	2.00
0	.333	.301	.273	.247	.223	.202	.183	.165	.150	.135
1	.366	.361	.354	.345	.335	.323	.311	.298	.284	.271
2	.201	.217	.230	.242	.251	.258	.264	.268	.270	.271
3	.074	.087	.100	.113	.126	.138	.150	.161	.171	.180
4	.020	.026	.032	.040	.047	.055	.064	.072	.081	.090
5	.005	.006	.008	.011	.014	.018	.022	.026	.031	.036
6	.001	.001	.002	.003	.004	.005	.006	.008	.010	.012
7	.000	.000	.000	.001	.001	.001	.002	.002	.003	.003
8	.000	.000	.000	.000	.000	.000	.000	.001	.001	.001
9			.000	.000	.000	.000	.000	.000	.000	.000
10						.000	.000	.000	.000	.000
11										.000

x \ λ	2.20	2.40	2.60	2.80	3.00	3.20	3.40	3.60	3.80	4.00
0	.111	.071	.074	.061	.050	.041	.033	.027	.022	.018
1	.244	.218	.193	.170	.149	.130	.114	.098	.085	.073
2	.268	.261	.251	.238	.224	.209	.193	.117	.162	.147
3	.197	.209	.218	.223	.224	.223	.219	.213	.205	.195
4	.108	.125	.141	.156	.168	.178	.186	.191	.194	.195
5	.048	.060	.074	.087	.101	.114	.126	.138	.148	.156
6	.018	.024	.032	.041	.050	.061	.072	.083	.094	.104
7	.006	.008	.012	.016	.022	.028	.035	.043	.051	.060
8	.002	.003	.004	.006	.008	.011	.015	.019	.024	.030
9	.000	.001	.001	.002	.003	.004	.006	.008	.010	.013
10	.000	.000	.000	.001	.001	.001	.002	.003	.004	.005
11	.000	.000	.000	.000	.000	.000	.001	.001	.001	.002
12		.000	.000	.000	.000	.000	.000	.000	.000	.001
13				.000	.000	.000	.000	.000	.000	.000
14						.000	.000	.000	.000	.000

正規分布　$\Phi(z) = \frac{1}{\sqrt{2\pi}}\int_0^z e^{-\frac{x^2}{2}}dx$

z	.00	.01	.02	.03	.04	.05	.06	.07	.08	.09
0.0	.0000	.0040	.0080	.0120	.0160	.0199	.0239	.0279	.0319	.0359
0.1	.0398	.0438	.0478	.0517	.0557	.0596	.0636	.0675	.0714	.0753
0.2	.0793	.0832	.0871	.0910	.0948	.0987	.1026	.1064	.1103	.1141
0.3	.1179	.1217	.1255	.1293	.1331	.1368	.1406	.1443	.1480	.1517
0.4	.1554	.1591	.1628	.1664	.1700	.1736	.1772	.1808	.1844	.1879
0.5	.1915	.1950	.1985	.2019	.2054	.2088	.2123	.2157	.2190	.2224
0.6	.2257	.2291	.2324	.2357	.2389	.2422	.2454	.2486	.2517	.2549
0.7	.2580	.2611	.2642	.2673	.2704	.2734	.2764	.2794	.2823	.2852
0.8	.2881	.2910	.2939	.2967	.2995	.3023	.3051	.3078	.3106	.3133
0.9	.3159	.3186	.3212	.3238	.3264	.3289	.3315	.3340	.3365	.3389
1.0	.3413	.3438	.3461	.3485	.3508	.3531	.3554	.3577	.3599	.3621
1.1	.3643	.3665	.3686	.3708	.3729	.3749	.3770	.3790	.3810	.3830
1.2	.3849	.3869	.3888	.3907	.3925	.3944	.3962	.3980	.3997	.4015
1.3	.4032	.4049	.4066	.4082	.4099	.4115	.4131	.4147	.4162	.4177
1.4	.4192	.4207	.4222	.4236	.4251	.4265	.4279	.4292	.4306	.4319
1.5	.4332	.4345	.4357	.4370	.4382	.4394	.4406	.4418	.4429	.4441
1.6	.4452	.4463	.4474	.4484	.4495	.4505	.4515	.4525	.4535	.4545
1.7	.4554	.4564	.4573	.4582	.4591	.4599	.4608	.4616	.4625	.4633
1.8	.4641	.4649	.4656	.4664	.4671	.4678	.4686	.4693	.4699	.4706
1.9	.4713	.4719	.4726	.4732	.4738	.4744	.4750	.4756	.4761	.4767
2.0	.4772	.4778	.4783	.4788	.4793	.4798	.4803	.4808	.4812	.4817
2.1	.4821	.4826	.4830	.4834	.4838	.4842	.4846	.4850	.4854	.4857
2.2	.4861	.4864	.4868	.4871	.4875	.4878	.4881	.4884	.4887	.4890
2.3	.4893	.4896	.4898	.4901	.4904	.4906	.4909	.4911	.4913	.4916
2.4	.4918	.4920	.4922	.4925	.4927	.4929	.4931	.4932	.4934	.4936
2.5	.4938	.4940	.4941	.4943	.4945	.4946	.4948	.4949	.4951	.4952
2.6	.4953	.4955	.4956	.4957	.4959	.4960	.4961	.4962	.4963	.4946
2.7	.4965	.4966	.4967	.4968	.4969	.4970	.4971	.4972	.4973	.4974
2.8	.4974	.4975	.4976	.4977	.4977	.4978	.4979	.4979	.4980	.4981
2.9	.4981	.4982	.4982	.4983	.4984	.4984	.4985	.4985	.4986	.4986
3.0	.4987	.4987	.4987	.4988	.4988	.4989	.4989	.4989	.4990	.4990

χ^2-分布 $P(X \geq \chi_n^2(\alpha)) = \alpha$

n \ α	.995	.99	.975	.95	.90	.75	.50	.25	.10	.05	.025	.01	.005
1	0.0^4393	0.0^3157	0.0^3982	0.0^23	0.0158	0.102	0.455	1.323	2.71	3.84	5.02	6.63	7.88
2	0.0100	0.0201	0.0506	0.103	0.211	0.575	1.386	2.77	4.61	5.99	7.38	9.21	10.60
3	0.0717	0.115	0.216	0.352	0.584	1.213	2.37	4.11	6.25	7.81	9.35	11.34	12.84
4	0.207	0.297	0.484	0.711	1.064	1.923	3.36	5.39	7.78	9.49	11.14	13.28	14.86
5	0.412	0.554	0.831	1.145	1.610	2.67	4.35	6.63	9.24	11.07	12.83	15.09	16.75
6	0.676	0.872	1.237	1.635	2.20	3.45	5.35	7.84	10.64	12.59	14.45	16.81	18.55
7	0.989	1.239	1.690	2.17	2.83	4.25	6.35	9.04	12.02	14.07	16.01	18.48	20.3
8	1.344	1.646	2.18	2.73	3.49	5.07	7.34	10.22	13.36	15.51	17.53	20.1	22.0
9	1.735	2.09	2.70	3.33	4.17	5.90	8.34	11.39	14.68	16.92	19.02	21.7	23.6
10	2.16	2.56	3.25	3.94	4.87	6.74	9.34	12.55	15.99	18.31	20.5	23.2	25.2
11	2.60	3.05	3.82	4.57	5.58	7.58	10.34	13.70	17.28	19.68	21.9	24.7	26.8
12	3.07	3.57	4.40	5.23	6.30	8.44	11.34	14.85	18.55	21.0	23.3	26.2	28.3
13	3.57	4.11	5.01	5.89	7.04	9.30	12.34	15.98	19.81	22.4	24.7	27.7	29.8
14	4.07	4.66	5.63	6.57	7.79	10.17	13.34	17.12	21.1	23.7	26.1	29.1	31.3
15	4.60	5.23	6.26	7.26	8.55	11.04	14.34	18.25	22.3	25.0	27.5	30.6	32.8
16	5.14	5.81	6.91	7.96	9.31	11.91	15.34	19.37	23.5	26.3	28.8	32.0	34.3
17	5.70	6.41	7.56	8.67	10.09	12.79	16.34	20.5	24.8	27.6	30.2	33.4	35.7
18	6.26	7.01	8.23	9.39	10.86	13.68	17.34	21.6	26.0	28.9	31.5	34.8	37.2
19	6.84	7.63	8.91	10.12	11.65	14.56	18.34	22.7	27.2	30.1	32.9	36.2	38.6
20	7.43	8.26	9.59	10.85	12.44	15.45	19.34	23.8	28.4	31.4	34.2	37.6	40.0
21	8.03	8.90	10.28	11.59	13.24	16.34	20.3	24.9	29.6	32.7	35.5	38.9	41.4
22	8.64	9.54	10.98	12.34	14.04	17.24	21.3	26.0	30.8	33.9	36.8	40.3	42.8
23	9.26	10.20	11.69	13.09	14.85	18.14	22.3	27.1	32.0	35.2	38.1	41.6	44.2
24	9.89	10.86	12.40	13.85	15.66	19.04	23.3	28.2	33.2	36.4	39.4	43.0	45.6
25	10.52	11.52	13.12	14.61	16.47	19.94	24.3	29.3	34.4	37.7	40.6	44.3	46.9
26	11.16	12.20	13.84	15.38	17.29	20.8	25.3	30.4	35.6	38.9	41.9	45.6	48.3
27	11.81	12.88	14.57	16.15	18.11	21.7	26.3	31.5	36.7	40.1	43.2	47.0	49.6
28	12.46	13.56	15.31	16.93	18.94	22.7	27.3	32.6	37.9	41.3	44.5	48.3	51.0
29	13.12	14.26	16.05	17.71	19.77	23.6	28.3	33.7	39.1	42.6	45.7	49.6	52.3
30	13.79	14.95	16.79	18.49	20.6	24.5	29.3	34.8	40.3	43.8	47.0	50.9	53.7
40	20.7	22.2	24.4	26.5	29.1	33.7	39.3	45.6	51.8	55.8	59.3	63.7	66.8
50	28.0	29.7	32.4	34.8	37.7	42.9	49.3	56.3	63.2	67.5	71.4	76.2	79.5
60	35.5	37.5	40.5	43.2	46.5	52.3	59.3	67.0	74.4	79.1	83.3	88.4	92.0
70	43.3	45.4	48.8	51.7	55.3	61.7	69.3	77.6	85.5	90.5	95.0	100.4	104.2
80	51.2	53.5	57.2	60.4	64.3	71.1	79.3	88.1	96.6	101.9	106.6	112.3	116.3
90	59.2	61.8	65.6	69.1	73.3	80.6	89.3	98.6	107.6	113.1	118.1	124.1	128.3
100	67.3	70.1	74.2	77.9	82.4	90.1	99.3	109.1	118.5	124.3	129.6	135.8	140.2

t-分布表　$P(|X| \geq t_n(\alpha)) = \alpha$

n \ α	0.50	0.40	0.30	0.20	0.10	0.05	0.02	0.01	0.001
1	1.000	1.376	1.963	3.078	6.314	12.706	31.821	63.657	636.619
2	.816	1.061	1.386	1.886	2.920	4.303	6.965	9.925	31.599
3	.765	.978	1.250	1.638	2.353	3.182	4.541	5.841	12.924
4	.741	.941	1.190	1.533	2.132	2.776	3.747	4.604	8.610
5	.727	.920	1.156	1.476	2.015	2.571	3.365	4.032	6.869
6	.718	.906	1.134	1.440	1.943	2.447	3.143	3.707	5.959
7	.711	.896	1.119	1.415	1.895	2.365	2.998	3.499	5.408
8	.706	.889	1.108	1.397	1.860	2.306	2.896	3.355	5.041
9	.703	.883	1.100	1.383	1.833	2.262	2.821	3.250	4.781
10	.700	.879	1.093	1.372	1.812	2.228	2.764	3.169	4.587
11	.697	.876	1.088	1.363	1.796	2.201	2.718	3.106	4.437
12	.695	.873	1.083	1.356	1.782	2.179	2.681	3.055	4.318
13	.694	.870	1.079	1.350	1.771	2.160	2.650	3.012	4.221
14	.692	.868	1.076	1.345	1.761	2.145	2.624	2.977	4.140
15	.691	.866	1.074	1.341	1.753	2.131	2.602	2.947	4.073
16	.690	.865	1.071	1.337	1.746	2.120	2.583	2.921	4.015
17	.689	.863	1.069	1.333	1.740	2.110	2.567	2.898	3.965
18	.688	.862	1.067	1.330	1.734	2.101	2.552	2.878	3.922
19	.688	.861	1.066	1.328	1.729	2.093	2.539	2.861	3.883
20	.687	.860	1.064	1.325	1.725	2.086	2.528	2.845	3.850
21	.686	.859	1.063	1.323	1.721	2.080	2.518	2.831	3.819
22	.686	.858	1.061	1.321	1.717	2.074	2.508	2.819	3.792
23	.685	.858	1.060	1.319	1.714	2.069	2.500	2.807	3.768
24	.685	.857	1.059	1.318	1.711	2.064	2.492	2.797	3.745
25	.684	.856	1.058	1.316	1.708	2.060	2.485	2.787	3.725
26	.684	.856	1.058	1.315	1.706	2.056	2.479	2.779	3.707
27	.684	.855	1.057	1.314	1.703	2.052	2.473	2.771	3.690
28	.683	.855	1.056	1.313	1.701	2.048	2.467	2.763	3.674
29	.683	.854	1.055	1.311	1.699	2.045	2.462	2.756	3.659
30	.683	.854	1.055	1.310	1.697	2.042	2.457	2.750	3.646
40	.681	.851	1.050	1.303	1.684	2.021	2.423	2.704	3.551
50	.679	.849	1.047	1.299	1.676	2.009	2.403	2.678	3.496
60	.679	.848	1.045	1.296	1.671	2.000	2.390	2.660	3.460
80	.678	.846	1.043	1.292	1.664	1.990	2.374	2.639	3.416
120	.677	.845	1.041	1.289	1.658	1.980	2.358	2.617	3.373
∞	.674	.842	1.036	1.282	1.645	1.960	2.326	2.576	3.291

F-分布 (1) $P(X \geq F_n^m(\alpha)) = 0.05$

n \ m	1	2	3	4	5	6	7	8	9	10
1	161	200	216	225	230	234	237	239	241	242
2	18.5	19.0	19.2	19.2	19.3	19.3	19.4	19.4	19.4	19.4
3	10.1	9.55	9.28	9.12	9.01	8.94	8.89	8.85	8.81	8.79
4	7.71	6.94	6.59	6.39	6.26	6.16	6.09	6.04	6.00	5.96
5	6.61	5.79	5.41	5.19	5.05	4.95	4.88	4.82	4.77	4.74
6	5.99	5.14	4.76	4.53	4.39	4.28	4.21	4.15	4.10	4.06
7	5.59	4.74	4.35	4.12	3.97	3.87	3.79	3.73	3.68	3.64
8	5.32	4.46	4.07	3.84	3.69	3.58	3.50	3.44	3.39	3.35
9	5.12	4.26	3.86	3.63	3.48	3.37	3.29	3.23	3.18	3.14
10	4.96	4.10	3.71	3.48	3.33	3.22	3.14	3.07	3.02	2.98
11	4.84	3.98	3.59	3.36	3.20	3.09	3.01	2.95	2.90	2.85
12	4.75	3.89	3.49	3.26	3.11	3.00	2.91	2.85	2.80	2.75
13	4.67	3.81	3.41	3.18	3.03	2.92	2.83	2.77	2.71	2.67
14	4.60	3.74	3.34	3.11	2.96	2.85	2.76	2.70	2.65	2.60
15	4.54	3.68	3.29	3.06	2.90	2.79	2.71	2.64	2.59	2.54
16	4.49	3.63	3.24	3.01	2.85	2.74	2.66	2.59	2.54	2.49
17	4.45	3.59	3.20	2.96	2.81	2.70	2.61	2.55	2.49	2.45
18	4.41	3.55	3.16	2.93	2.77	2.66	2.58	2.51	2.46	2.41
19	4.38	3.52	3.13	2.90	2.74	2.63	2.54	2.48	2.42	2.38
20	4.35	3.49	3.10	2.87	2.71	2.60	2.51	2.45	2.39	2.35
21	4.32	3.47	3.07	2.84	2.68	2.57	2.49	2.42	2.37	2.32
22	4.30	3.44	3.05	2.82	2.66	2.55	2.46	2.40	2.34	2.30
23	4.28	3.42	3.03	2.80	2.64	2.53	2.44	2.37	2.32	2.27
24	4.26	3.40	3.01	2.78	2.62	2.51	2.42	2.36	2.30	2.25
25	4.24	3.39	2.99	2.76	2.60	2.49	2.40	2.34	2.28	2.24
26	4.23	3.37	2.98	2.74	2.59	2.47	2.39	2.32	2.27	2.22
27	4.21	3.35	2.96	2.73	2.57	2.46	2.37	2.31	2.25	2.20
28	4.20	3.34	2.95	2.71	2.56	2.45	2.36	2.29	2.24	2.19
29	4.18	3.33	2.93	2.70	2.55	2.43	2.35	2.28	2.22	2.18
30	4.17	3.32	2.92	2.69	2.53	2.42	2.33	2.27	2.21	2.16
40	4.08	3.23	2.84	2.61	2.45	2.34	2.25	2.18	2.12	2.08
60	4.00	3.15	2.76	2.53	2.37	2.25	2.17	2.10	2.04	1.99
120	3.92	3.07	2.68	2.45	2.29	2.18	2.09	2.02	1.96	1.91
∞	3.84	3.00	2.60	2.37	2.21	2.10	2.01	1.94	1.88	1.83

F-分布 (2) $P(X \geq F_n^m(\alpha)) = 0.05$

12	15	20	24	30	40	60	120	∞	m / n
244	246	248	249	250	251	252	253	254	1
19.4	19.4	19.4	19.5	19.5	19.5	19.5	19.5	19.5	2
8.74	8.70	8.66	8.64	8.62	8.59	8.57	8.55	8.53	3
5.91	5.86	5.80	5.77	5.75	5.72	5.69	5.66	5.63	4
4.68	4.62	4.56	4.53	4.50	4.46	4.43	4.40	4.36	5
4.00	3.94	3.87	3.84	3.81	3.77	3.74	3.70	3.67	6
3.57	3.51	3.44	3.41	3.38	3.34	3.30	3.27	3.23	7
3.28	3.22	3.15	3.12	3.08	3.04	3.01	2.97	2.93	8
3.07	3.01	2.94	2.90	2.86	2.83	2.79	2.75	2.71	9
2.91	2.85	2.77	2.74	2.70	2.66	2.62	2.58	2.54	10
2.79	2.72	2.65	2.61	2.57	2.53	2.49	2.45	2.40	11
2.69	2.62	2.54	2.51	2.47	2.43	2.38	2.34	2.30	12
2.60	2.53	2.46	2.42	2.38	2.34	2.30	2.25	2.21	13
2.53	2.46	2.39	2.35	2.31	2.27	2.22	2.18	2.13	14
2.48	2.40	2.33	2.29	2.25	2.20	2.16	2.11	2.07	15
2.42	2.35	2.28	2.24	2.19	2.15	2.11	2.06	2.01	16
2.38	2.31	2.23	2.19	2.15	2.10	2.06	2.01	1.96	17
2.34	2.27	2.19	2.15	2.11	2.06	2.02	1.97	1.92	18
2.31	2.23	2.16	2.11	2.07	2.03	1.98	1.93	1.88	19
2.28	2.20	2.12	2.08	2.04	1.99	1.95	1.90	1.84	20
2.25	2.18	2.10	2.05	2.01	1.96	1.92	1.87	1.81	21
2.23	2.15	2.07	2.03	1.98	1.94	1.89	1.84	1.78	22
2.20	2.13	2.05	2.01	1.96	1.91	1.86	1.81	1.76	23
2.18	2.11	2.03	1.98	1.94	1.89	1.84	1.79	1.73	24
2.16	2.09	2.01	1.96	1.92	1.87	1.82	1.77	1.71	25
2.15	2.07	1.99	1.95	1.90	1.85	1.80	1.75	1.69	26
2.13	2.06	1.97	1.93	1.88	1.84	1.79	1.73	1.67	27
2.12	2.04	1.96	1.91	1.87	1.82	1.77	1.71	1.65	28
2.10	2.03	1.94	1.90	1.85	1.81	1.75	1.70	1.64	29
2.09	2.01	1.93	1.89	1.84	1.79	1.74	1.68	1.62	30
2.00	1.92	1.84	1.79	1.74	1.69	1.64	1.58	1.51	40
1.92	1.84	1.75	1.70	1.65	1.59	1.53	1.47	1.39	60
1.83	1.75	1.66	1.61	1.55	1.50	1.43	1.35	1.25	120
1.75	1.67	1.57	1.52	1.46	1.39	1.32	1.22	1.00	∞

F-分布 (3) $P(X \geq F_n^m(\alpha)) = 0.01$

n \ m	1	2	3	4	5	6	7	8	9	10
1	4052	5000	5403	5625	5764	5859	5928	5982	6022	6056
2	98.5	99.0	99.2	99.2	99.3	99.3	99.4	99.4	99.4	99.4
3	34.1	30.8	29.5	28.7	28.2	27.9	27.7	27.5	27.3	27.2
4	21.2	18.0	16.7	16.0	15.5	15.2	15.0	14.8	14.7	14.5
5	16.3	13.3	12.1	11.4	11.0	10.7	10.5	10.3	10.2	10.1
6	13.7	10.9	9.78	9.15	8.75	8.47	8.26	8.10	7.98	7.87
7	12.2	9.55	8.45	7.85	7.46	7.19	6.99	6.84	6.72	6.62
8	11.3	8.65	7.59	7.01	6.63	6.37	6.18	6.03	5.91	5.81
9	10.6	8.02	6.99	6.42	6.06	5.80	5.61	5.47	5.35	5.26
10	10.0	7.56	6.55	5.99	5.64	5.39	5.20	5.06	4.94	4.85
11	9.65	7.21	6.22	5.67	5.32	5.07	4.89	4.74	4.63	4.54
12	9.33	6.93	5.95	5.41	5.06	4.82	4.64	4.50	4.39	4.30
13	9.07	6.70	5.74	5.21	4.86	4.62	4.44	4.30	4.19	4.10
14	8.86	6.51	5.56	5.04	4.70	4.46	4.28	4.14	4.03	3.94
15	8.68	6.36	5.42	4.89	4.56	4.32	4.14	4.00	3.89	3.80
16	8.53	6.23	5.29	4.77	4.44	4.20	4.03	3.89	3.78	3.69
17	8.40	6.11	5.18	4.67	4.34	4.10	3.93	3.79	3.68	3.59
18	8.29	6.01	5.09	4.58	4.25	4.01	3.84	3.71	3.60	3.51
19	8.18	5.93	5.01	4.50	4.17	3.94	3.77	3.63	3.52	3.43
20	8.10	5.85	4.94	4.43	4.10	3.87	3.70	3.56	3.46	3.37
21	8.02	5.78	4.87	4.37	4.04	3.81	3.64	3.51	3.40	3.31
22	7.95	5.72	4.82	4.31	3.99	3.76	3.59	3.45	3.35	3.26
23	7.88	5.66	4.76	4.26	3.94	3.71	3.54	3.41	3.30	3.21
24	7.82	5.61	4.72	4.22	3.90	3.67	3.50	3.36	3.26	3.17
25	7.77	5.57	4.68	4.18	3.86	3.63	3.46	3.32	3.22	3.13
26	7.72	5.53	4.64	4.14	3.82	3.59	3.42	3.29	3.18	3.09
27	7.68	5.49	4.60	4.11	3.78	3.56	3.39	3.26	3.15	3.06
28	7.64	5.45	4.57	4.07	3.75	3.53	3.36	3.23	3.12	3.03
29	7.60	5.42	4.54	4.04	3.73	3.50	3.33	3.20	3.09	3.00
30	7.56	5.39	4.51	4.02	3.70	3.47	3.30	3.17	3.07	2.98
40	7.31	5.18	4.31	3.83	3.51	3.29	3.12	2.99	2.89	2.80
60	7.08	4.98	4.13	3.65	3.34	3.12	2.95	2.82	2.72	2.63
120	6.85	4.79	3.95	3.48	3.17	2.96	2.79	2.66	2.56	2.47
∞	6.63	4.61	3.78	3.32	3.02	2.80	2.64	2.51	2.41	2.32

F-分布 (4)　$P(X \geq F_n^m(\alpha)) = 0.01$

12	15	20	24	30	40	60	120	∞	m / n
6106	6157	6209	6235	6261	6287	6313	6339	6366	1
99.4	99.4	99.4	99.5	99.5	99.5	99.5	99.5	99.5	2
27.1	26.9	26.7	26.6	26.5	26.4	26:3	26.2	26.1	3
14.4	14.2	14.0	13.9	13.8	13.7	13.7	13.6	13.5	4
9.89	9.72	9.55	9.47	9.38	9.29	9.20	9.11	9.02	5
7.72	7.56	7.40	7.31	7.23	7.14	7.06	6.97	6.88	6
6.47	6.31	6.16	6.07	5.99	5.91	5.82	5.74	5.65	7
5.67	5.52	5.36	5.28	5.20	5.12	5.03	4.95	4.86	8
5.11	4.96	4.81	4.73	4.65	4.57	4.48	4.40	4.31	9
4.71	4.56	4.41	4.33	4.25	4.17	4.08	4.00	3.91	10
4.40	4.25	4.10	4.02	3.94	3.86	3.78	3.69	3.60	11
4.16	4.01	3.86	3.78	3.70	3.62	3.54	3.45	3.36	12
3.96	3.82	3.66	3.59	3.51	3.43	3.34	3.25	3.17	13
3.80	3.66	3.51	3.43	3.35	3.27	3.18	3.09	3.00	14
3.67	3.52	3.37	3.29	3.21	3.13	3.05	2.96	2.87	15
3.55	3.41	3.26	3.18	3.10	3.02	2.93	2.84	2.75	16
3.46	3.31	3.16	3.08	3.00	2.92	2.83	2.75	2.65	17
3.37	3.23	3.08	3.00	2.92	2.84	2.75	2.66	2.57	18
3.30	3.15	3.00	2.92	2.84	2.76	2.67	2.58	2.49	19
3.23	3.09	2.94	2.86	2.78	2.69	2.61	2.52	2.42	20
3.17	3.03	2.88	2.80	2.72	2.64	2.55	2.46	2.36	21
3.12	2.98	2.83	2.75	2.67	2.58	2.50	2.40	2.31	22
3.07	2.93	2.78	2.70	2.62	2.54	2.45	2.35	2.26	23
3.03	2.89	2.74	2.66	2.58	2.49	2.40	2.31	2.21	24
2.99	2.85	2.70	2.62	2.54	2.45	2.36	2.27	2.17	25
2.96	2.82	2.66	2.58	2.50	2.42	2.33	2.23	2.13	26
2.93	2.78	2.63	2.55	2.47	2.38	2.29	2.20	2.10	27
2.90	2.75	2.60	2.52	2.44	2.35	2.26	2.17	2.06	28
2.87	2.73	2.57	2.49	2.41	2.33	2.23	2.14	2.03	29
2.84	2.70	2.55	2.47	2.39	2.30	2.21	2.11	2.01	30
2.66	2.52	2.37	2.29	2.20	2.11	2.02	1.92	1.80	40
2.50	2.35	2.20	2.12	2.03	1.94	1.84	1.73	1.60	60
2.34	2.19	2.03	1.95	1.86	1.76	1.66	1.53	1.38	120
2.18	2.04	1.88	1.79	1.70	1.59	1.47	1.32	1.00	∞

索引

■著者紹介
溝上　武實（みぞがみ　たけみ）

1945年　福岡県に生まれる
1968年　九州大学理学部数学科卒業
1982年　理学博士（筑波大学）
現　在　上越教育大学大学院学校教育研究科教授
Reviewer of「Mathematical Reviews」(American Mathematical Society)
Reviewer of「Zentralblatt MATH」(European Mathematical Society)

主な著書
「M3 versus M1 problem in Generalized Metric Spaces」（Yokohama Publishers），2007.

統計学というものの考え方
—その初歩から応用まで—

2008年4月7日　初版第1刷発行

■著　　者——溝上　武實
■発行者——佐藤　守
■発行所——株式会社大学教育出版
〒700-0953　岡山市西市855-4
電話(086)244-1268(代)　FAX(086)246-0294
■印刷製本——サンコー印刷(株)
■装　　丁——ティーボーンデザイン事務所

ISBN978－4－88730－840－4